Albert Einsteins

RELATIVITÄTS-THEORIE

Von Carl Wilkinson

Mit Illustrationen von James Weston Lewis

Aus dem Englischen von Ebi Naumann

INSEL VERLAG

INHALT

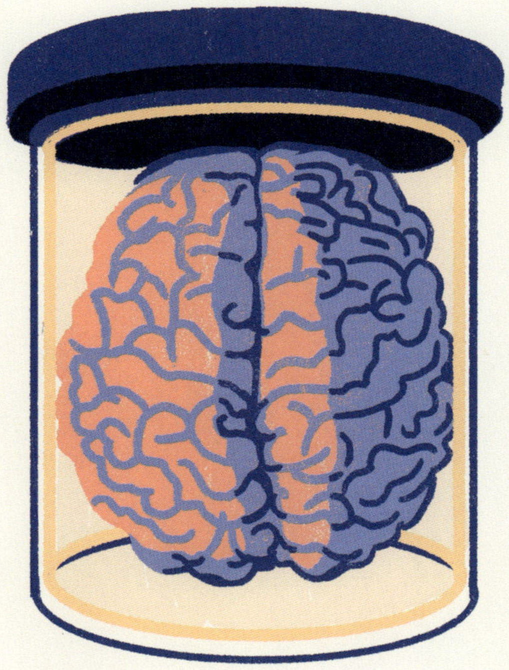

WER WAR ALBERT EINSTEIN?

»Würde jeder so ein Leben führen wie ich, bräuchte man keine Romane mehr«, schrieb der 22-jährige Einstein in einem Brief an seine Schwester Maja, vier Jahre bevor er seine Relativitätstheorie veröffentlichte.

Albert Einstein veränderte die Welt. Seine Ideen zum Aufbau unserer Welt – vom winzigsten Atom bis zum Licht der entferntesten Sterne – revolutionierten die Wissenschaft und veränderten unseren Blick auf das Universum. Sein außergewöhnlicher, rebellischer Charakter stellte die Art und Weise, in der die Menschen über sich und den Planeten, auf dem sie wohnen, nachdachten, auf eine harte Probe.

DIE BEIDEN WUNDER

Am 14. März 1879 in der süddeutschen Stadt Ulm geboren, wurde Albert Einstein zu einer der weltweit bekanntesten Persönlichkeiten. Schon in seiner Kindheit zeigte sich sein naturwissenschaftliches Interesse.

Einstein war gerade einmal fünf Jahre alt und lag krank im Bett, da gab ihm sein Vater einen Kompass. Der Junge war fasziniert von der unsichtbaren Kraft, die die Nadel anzog und dafür sorgte, dass diese immer zum Nordpol zeigte, egal in welche Richtung man den Kompass drehte.

Dann, mit zwölf, bekam er ein kleines Buch über Geometrie – die Lehre von der Gestalt, Größe und Position der Dinge –, das er sein »heiliges Geometriebüchlein« nannte.

Einstein sprach von diesen beiden Gegenständen später als von seinen »beiden Wundern«, denn sie entfachten sein Interesse für das ›Wie‹ und ›Warum‹ des Universums und wiesen ihm die ersten Schritte auf dem Weg zu seinen bahnbrechenden Theorien.

Albert Einstein war kein guter Schüler, zumindest nach der Meinung vieler seiner Lehrer. Aber in Mathematik leistete er Außergewöhnliches. Schon in der Grundschule löste er aus Spaß an der Freude komplexe Algebra-Aufgaben und wurde Klassenbester, aber sein rebellisches Verhalten brachte die Lehrer gegen ihn auf. 1894, im Alter von 15 Jahren, flog er sogar von der Schule.

GEDANKENEXPERIMENTE

Beim Sprechenlernen hinkte Albert Einstein den anderen hinterher. Später sagte er, diese Lernschwierigkeiten hätten ihm wahrscheinlich dazu verholfen, Dingen wie Raum und Zeit, die andere Menschen als selbstverständlich hinnehmen, mit Tagträumen zu begegnen, fast wie ein Kind.

Außerdem dachte er mehr in Bildern als in Worten. Ihm fiel es leichter, sich komplexe Ideengebäude bildlich vor Augen zu führen, als diese in Worte zu fassen.

1895, im Alter von 16 Jahren, besuchte er ein Jahr lang eine Schule in der Schweizer Stadt Aarau, um sich auf sein Studium im Zürcher Polytechnikum (heute ETH) vorzubereiten. Dort lernte er, wie man Gedankenexperimente zur Entwicklung seiner Ideen einsetzen kann – eine Methode, mit deren Hilfe er sich später an die Lösung der bedeutendsten naturwissenschaftlichen Fragen heranwagte.

»Autoritätsdusel ist der größte Feind der Wahrheit«, schrieb er einem Freund 1901. Einsteins Bereitschaft, Autoritäten sowie allgemein anerkannte Lehrmeinungen in der Wissenschaft in Frage zu stellen, machte ihn zwar nicht zum Liebling seiner Lehrer, verhalf ihm jedoch zu seinen bedeutendsten Entdeckungen.

SCHWERKRAFT

Wie man zu Einsteins Zeiten darüber dachte

Was sorgt dafür, dass unsere Füße auf dem Boden bleiben? Die Schwerkraft, natürlich. Aber was genau ist das? Warum die Dinge auf die Erde fallen und unsere Füße nicht vom Boden abheben, beschäftigt Denker und Naturwissenschaftler schon seit mehr als zweitausend Jahren. Eine der ersten Vorstellungen darüber stammt von dem griechischen Philosophen Aristoteles. Er hielt die Erde für den Mittelpunkt des Universums und glaubte, dass alles im Universum sich aus den vier Elementen Erde, Wasser, Luft und Feuer zusammensetzt. Dabei ging er davon aus, dass diese Elemente sich ihren natürlichen Platz suchen: die Erde – als das schwerste von ihnen – in der Mitte, darum herum wie ein Ring das Wasser, dann die Luft und schließlich das Feuer. Außerhalb dieser vier Ringe der Elemente gab es seiner Ansicht nach noch ein fünftes Element, welches den Raum ausfüllt – den geheimnisvollen Äther. Eine interessante Theorie, auch wenn wir heute wissen, dass sie so nicht stimmt.

DER HAMMER UND DIE FEDER

Die nächsten bahnbrechenden Gedanken über die Schwerkraft stammen von dem italienischen Universalgenie Galileo Galilei. Um das Jahr 1590 soll er Kanonenkugeln vom Schiefen Turm von Pisa fallen gelassen haben, um seine Theorie zu beweisen – eine hübsche, wahrscheinlich aber erfundene Geschichte. Auf jeden Fall ließ er Kugeln unterschiedlichen Gewichts eine schiefe Ebene hinunterrollen, maß deren Tempo und widerlegte den griechischen Universalgelehrten Aristoteles, indem er herausfand, dass jedes Ding – egal wie groß oder schwer es ist – gleich schnell von der Schwerkraft angezogen wird.

Das heißt, dass ein schwerer Gegenstand – wie ein Hammer – und ein leichter – wie eine Feder – zur selben Zeit am Boden ankommen, wenn man sie gleichzeitig aus derselben Höhe fallen lässt!

Solltet ihr das allerdings nachmachen, wird die Feder ganz bestimmt länger brauchen als der Hammer, weil sie (wie Galilei feststellte) durch den Luftwiderstand aufgehalten wird.

Fast 400 Jahre später jedoch, 1971, nach der Mondlandung von Apollo 15, wiederholten die Astronauten Galileos Experiment. David Scott, der Kommandant, ließ einen Hammer und eine Falkenfeder aus derselben Höhe herabfallen.

Und obwohl die Feder so viel leichter war als der Hammer, fielen beide mit der gleichen Geschwindigkeit und trafen gleichzeitig auf der Mondoberfläche auf, weil es auf dem Mond keinen Luftwiderstand gibt.

DER FALLENDE APFEL

Etwas mehr als 200 Jahre bevor Einstein seine Relativitätstheorie vorlegte, verfasste der englische Naturwissenschaftler Isaac Newton eines der wichtigsten Bücher über die Prinzipien und Grundlagen des Universums. Dieses Buch mit dem Titel *Philosophiae Naturalis Principia Mathematica* (kurz: *Principia*) erschien am 5. Juli 1687. Newtons Entdeckungen waren so bedeutend, dass sie die Grundlage für die »Klassische Mechanik« bildeten, die die Bewegung aller Objekte im Raum beschreibt.

Newton soll die Schwerkraft entdeckt haben, als er unter einem Apfelbaum saß und über das Universum nachdachte. Als ihm plötzlich ein Apfel auf den Kopf fiel, fragte er sich: Wie kommt es, dass Äpfel immer geradewegs nach unten fallen?

Um dieses Problem zu lösen, entwickelte Newton sein Gravitationsgesetz, welches erklärt, warum zwei beliebige Objekte sich gegenseitig anziehen.

Er schrieb: »Ich leitete ab, dass die Kräfte, die die Planeten in ihren Umlaufbahnen halten, dem Quadrat ihrer Abstände von jenen Zentren, um die sie laufen, reziprok sein müssen. Deshalb setzte ich die Kraft, die notwendig ist, den Mond in seiner Bahn zu halten, mit der Schwerkraft auf der Erdoberfläche in Beziehung: und fand, dass sie sich ziemlich genau entsprechen.«

GERINGERE MASSE = GERINGERE KRAFT

● → ← ●

MEHR MASSE = MEHR KRAFT

● → ← ●

Newton hatte herausgefunden, dass die Stärke der Schwerkraft sowohl von der Masse (oder Menge an Materie) der zwei Objekte abhängt als auch von ihrer Entfernung voneinander. Über je weniger Masse sie verfügen und/oder je weiter sie voneinander entfernt sind, desto geringer ist die Anziehungskraft, die sie aufeinander ausüben.

Kaum zu glauben – aber dank seiner Theorie war es möglich, von der Umlaufbahn des Planeten Uranus erfolgreich auf die Existenz des Planeten Neptun zu schließen. Es gab nur ein Problem: Newtons Theorie bot keine Erklärung für die merkwürdige Umlaufbahn des Merkur. Diese konnte man erst erklären, nachdem Einstein seine Relativitätstheorie entwickelt hatte, die Newtons Ideen und Vorstellungen vervollkommnete.

ZEIT

Wie man zu Einsteins Zeiten darüber dachte

Wie spät ist es gerade? Um diese einfache Frage zu beantworten, braucht ihr nur einen Blick auf eure Uhr zu werfen. Aber das verrät euch bloß die Uhrzeit an eurem aktuellen Aufenthaltsort und nicht, wie spät es gerade auf der gegenüberliegenden Seite der Erde ist. Wie spät ist es also gerade? Und was genau ist mit dieser Frage gemeint?

ABSOLUTE ZEIT

In seinem Buch *Principia* schrieb Newton: »Die absolute, wahre mathematische Zeit verfließt an sich und vermöge ihrer Natur gleichförmig und ohne Beziehung zu einem Gegenstand.«

Als er 1687 seine drei Gesetze formulierte, ging Newton davon aus, dass es im gesamten Universum eine letztgültige Zeit gibt, die im Hintergrund tickt, egal wo man sich gerade befindet.

Nach Newton würden zwei Uhren für einen bestimmten Vorgang dieselbe Zeit anzeigen, obwohl sich die eine Uhr im Raum und die andere gar nicht bewegt.

Die Zeit, die wir Menschen tatsächlich erleben, nannte Newton die »relative, scheinbare und gewöhnliche Zeit«.

Er glaubte, dass wir den Verlauf der Zeit dadurch erleben, dass wir Objekte wie den Mond und die Sonne über den Himmel ziehen sehen und das Ticken der Uhren vernehmen.

ZEITMESSUNG

Früher war selbst etwas für uns so Selbstverständliches wie eine Stunde nicht festgelegt.

So dauerten die Stunden im Sommer tagsüber länger, da die Zeit zwischen Sonnenaufgang und -untergang einfach durch zwölf geteilt wurde. Im Winter ging die Sonne später auf und früher unter, so dass die Stunden dementsprechend kürzer waren.

Bis zum 18. Jahrhundert las jede Stadt ihre Zeit von lokalen Sonnenuhren ab. Das bedeutete, dass zwischen benachbarten Städten erhebliche Zeitunterschiede auftreten konnten und man seine Uhr anpassen musste, wenn man von einer Stadt in die andere kam.

Als die Städte immer mehr miteinander verbunden wurden, musste man sich über eine gemeinsame Zeit verständigen.

SYNCHRONISATION DER UHREN

Um 1840 führten die Bahngesellschaften in England eine einheitliche Zeit (die sogenannte Eisenbahnzeit) ein, damit man Zugreisen besser planen konnte.

In Deutschland wurde erst 1893 die mittlere Sonnenzeit des fünfzehnten Längengrades östlich von Greenwich (MEZ) als gesetzliche Uhrzeit festgelegt.

Während seiner Zeit am Berner Patentamt – kurz bevor er mit seiner bahnbrechenden Theorie an die Öffentlichkeit trat – bestand eine von Einsteins Hauptaufgaben darin, Patentanträge für Erfindungen zur Synchronisation von Bahnhofsuhren entlang der Eisenbahnstrecken zu prüfen.

»Der Unterschied zwischen Vergangenheit, Gegenwart und Zukunft ist für uns Wissenschaftler eine Illusion, wenn auch eine hartnäckige.«

Diese Erfahrung brachte Einstein dazu, alles, was wir über die Zeit zu wissen glauben, auf den Kopf zu stellen und die »absolute Zeit« Newtons durch den Begriff der »relativen Zeit« zu ersetzen. »Der Unterschied zwischen Vergangenheit, Gegenwart und Zukunft«, schrieb er später, »ist für uns Wissenschaftler eine Illusion, wenn auch eine hartnäckige.«

Was also ist Zeit wirklich?

RAUM

Wie man zu Einsteins Zeiten darüber dachte

Wo bist du gerade? Kannst du beschreiben, wo du dich aufhältst, ohne auf Dinge um dich herum zu verweisen? Versuche es einmal.

Nicht nur über die Schwerkraft und die Zeit haben sich Wissenschaftler jahrhundertelang den Kopf zerbrochen, sondern auch über den Raum. So gab es zum Zeitpunkt, als Einstein an seiner Relativitätstheorie arbeitete, ein paar allgemein anerkannte Vorstellungen über die Geometrie. Geometrie – wörtlich »das Vermessen der Erde« – beschäftigt sich mit dem Maß und der Position von Gegenständen, ihrem Verhältnis zueinander sowie mit ihrer Form.

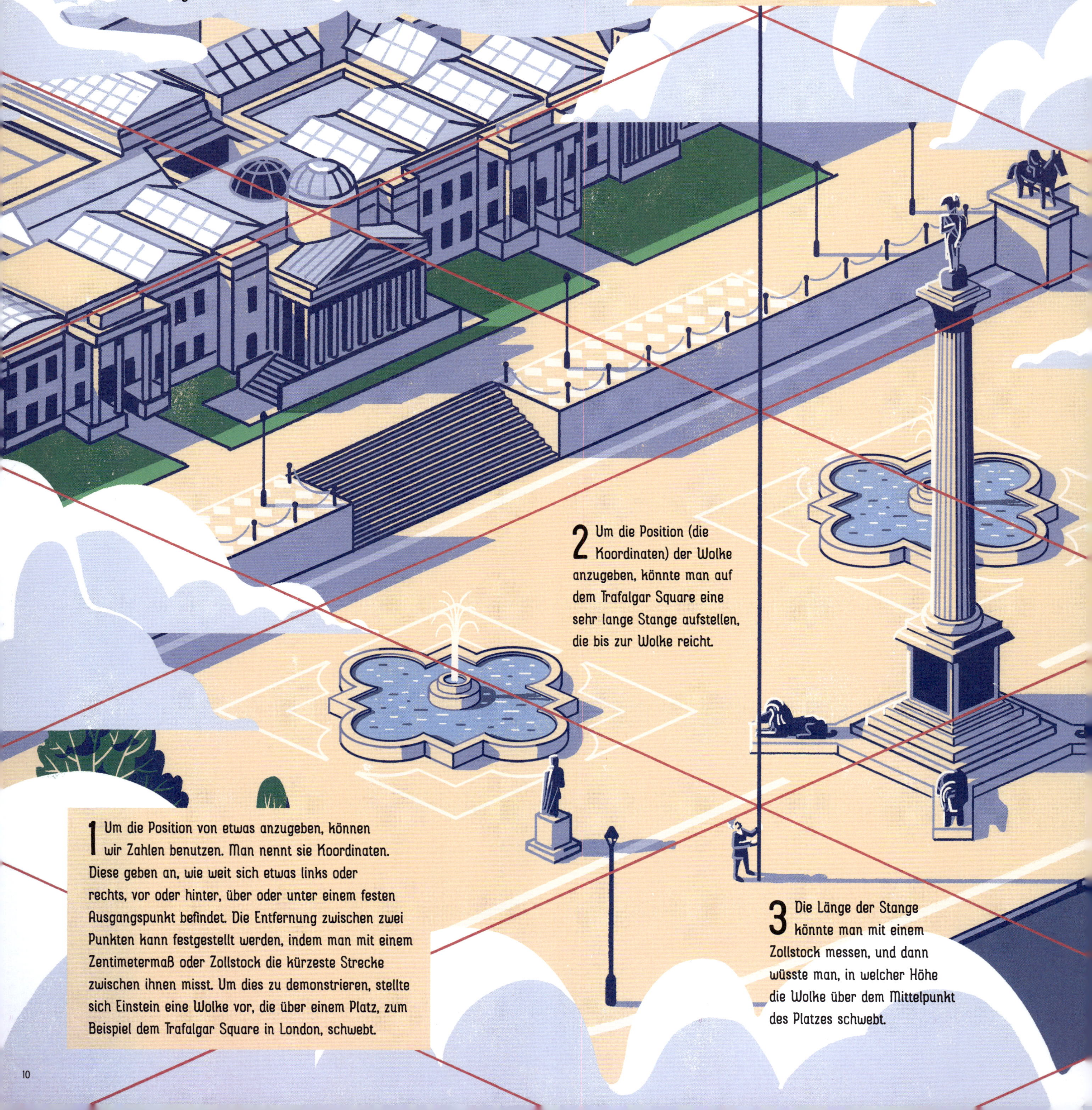

2 Um die Position (die Koordinaten) der Wolke anzugeben, könnte man auf dem Trafalgar Square eine sehr lange Stange aufstellen, die bis zur Wolke reicht.

1 Um die Position von etwas anzugeben, können wir Zahlen benutzen. Man nennt sie Koordinaten. Diese geben an, wie weit sich etwas links oder rechts, vor oder hinter, über oder unter einem festen Ausgangspunkt befindet. Die Entfernung zwischen zwei Punkten kann festgestellt werden, indem man mit einem Zentimetermaß oder Zollstock die kürzeste Strecke zwischen ihnen misst. Um dies zu demonstrieren, stellte sich Einstein eine Wolke vor, die über einem Platz, zum Beispiel dem Trafalgar Square in London, schwebt.

3 Die Länge der Stange könnte man mit einem Zollstock messen, und dann wüsste man, in welcher Höhe die Wolke über dem Mittelpunkt des Platzes schwebt.

»Der Mensch ist ein Teil des Ganzen, das wir Universum nennen, ein in Raum und Zeit begrenzter Teil.«
– Einstein

ABSOLUTER RAUM

Obwohl bereits Aristoteles die Idee vom absoluten Raum (ebenso wie die von der absoluten Zeit) formulierte, blieb es Isaac Newton vorbehalten, diese Vorstellung klar und deutlich zu entwickeln. Gleich nachdem er in seiner *Principia* erklärt hatte, »die absolute, wahre mathematische Zeit verfließt an sich und vermöge ihrer Natur gleichförmig und ohne Beziehung zu einem Gegenstand«, schrieb er: »Der absolute Raum bleibt vermöge seiner Natur und ohne Beziehung auf einen äußeren Gegenstand stets gleich und unbeweglich.«

Die Idee dahinter war, dass man unsere Welt – und darüber hinaus das gesamte Universum – in ein Gitternetz aus gleich langen, in die drei Raumrichtungen weisenden Stäben aufteilen und auf diese Weise den gesamten Raum vermessen könnte. Die Entfernungen blieben dabei stets dieselben, egal was man tut und wohin und wie schnell man sich bewegt.

Das klingt vernünftig. Wenn man einige Stühle im Raum verteilt und ihren Abstand voneinander misst, so bleibt dieser unverändert (es sei denn, man verteilt die Stühle neu). Aber wie zuvor schon bei der Zeit bewies Einstein, dass diese Vorstellung falsch war.

4 Was die Anwendung eines Koordinatensystems anbelangt, schrieb Einstein: »Jede Beschreibung von Ereignissen im Raum erfordert die Verwendung eines starren Körpers, auf den solche Ereignisse bezogen werden müssen.«

5 In unserem Beispiel ist dieser »starre Körper« der Trafalgar Square. Ohne sich auf diesen Platz (oder einen fest dort verankerten Gegenstand wie die Säule oder einen der steinernen Löwen) zu beziehen, wäre es nicht möglich, zu erklären, wo sich die Wolke befindet.

LICHT

Wie man zu Einsteins Zeiten darüber dachte

Was genau ist Licht? Woraus besteht es? Wie bewegt es sich? Und wie überwindet es den leeren Raum zwischen der Sonne und uns auf der Erde? Das sind nur einige der Fragen, die Wissenschaftler und Philosophen tausende von Jahren beschäftigt haben und die entscheidenden Einfluss auf Einsteins Entwicklung der Relativitätstheorie hatten.

JENSEITS DES REGENBOGENS

Auch einige der grundlegenden Erkenntnisse über das Licht verdanken wir Isaac Newton. So stellte er nicht nur seine drei wichtigen Gesetze auf, die erklären, wie Kräfte im Universum wirken, sondern machte darüber hinaus bahnbrechende Entdeckungen über das Licht, die er 1704 in dem Buch *Opticks* veröffentlichte.

In einem berühmt gewordenen Experiment gelang es Newton, weißes Licht in das Spektrum seiner verschiedenen Farben zu zerlegen, indem er es durch ein Prisma fallen ließ.

Dann leitete er die farbigen Lichtstrahlen durch ein zweites Prisma und fand heraus, dass die Strahlen ihre jeweilige Farbe behielten. Das Prisma fügte dem Licht also keine neuen Farben zu, sondern das weiße Licht selbst musste sich aus verschiedenen Farben zusammensetzen. Das war der Beweis, dass die uralte, seit Aristoteles gültige Vorstellung, Licht sei in und an sich weiß und seine Farben stammten ausschließlich von den Dingen um uns herum, nicht stimmen konnte.

LICHTWELLEN

Besteht Licht aus einem Strom von Teilchen oder hin und her schwingenden Wellen? Auch diese Frage war Gegenstand jahrhundertelanger Diskussionen. Newton glaubte, dass Licht aus Teilchen besteht – oder »Korpuskeln«, wie er sie nannte –, und diese Idee wurde von den meisten geteilt. Es gab jedoch auch andere Physiker, die das genaue Gegenteil behaupteten: Licht sei eine Welle, die durch die Luft dahinschwinge. Schließlich, im Jahr 1801, führte Thomas Young ein aufschlussreiches Experiment durch – das »Doppelspaltexperiment« –, um den Streit zu beenden.

Er ließ Licht durch ein so kleines Loch einfallen, dass es einen einzigen Strahl ergab. Dann stellte er eine Blende mit zwei vertikalen, parallelen, sehr feinen Spalten vor dieser Lichtquelle auf. Sollte das Licht aus einem Strom von Teilchen bestehen, so würden diese – den beiden Spalten entsprechend – auf dem Schirm auftreffen und zwei Streifen bilden. Bestünde das Licht jedoch aus Wellen, würden sich diese nach dem Passieren der Spalte überlagern, und auf dem Schirm wäre ein Streifenmuster zu sehen.

Und genau das passierte. Die beiden Strahlen bildeten auf dem Schirm ein Muster aus hellen und dunklen Streifen und widerlegten so Newtons Annahme, dass Licht aus Teilchen (Korpuskeln) besteht.

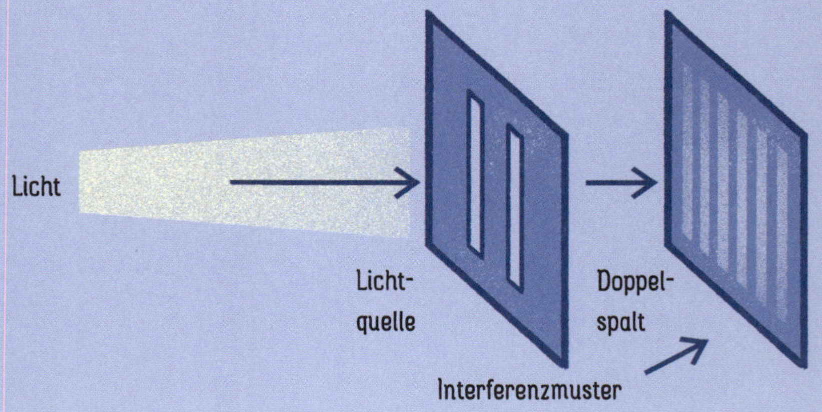

MAGNETISMUS UND ELEKTRIZITÄT

Im 19. Jahrhundert entdeckte Michael Faraday, dass man Elektrizität erzeugen kann, wenn man einen Magneten in einer Kupferdrahtspule bewegt. Und dass man Magnetismus erzeugt, wenn man Strom durch eine Drahtspule leitet.

Faradays Entdeckung war ein weiterer Durchbruch auf dem Weg, das Licht zu verstehen.

Faradays Idee magnetischer und elektrischer »Felder« wurde von dem brillanten schottischen Physiker James Clerk Maxwell aufgegriffen und weiterentwickelt. Er erkannte, dass Magnetismus, Elektrizität und Licht bloß verschiedene Ausprägungen ein und derselben Sache sind. Licht, dachte er, muss eine elektromagnetische Strahlung sein, die sich in Form von schwingenden Wellen durch den Raum bewegt.

Damit hatte er Recht. Sichtbares Licht ist eine hochfrequente elektromagnetische Welle.

PRISMA ZWEI

GESCHWINDIGKEITS-BEGRENZUNG IM UNIVERSUM

Eine der bedeutenden Entdeckungen Maxwells war die Konstanz der Lichtgeschwindigkeit. Egal wie schnell wir selbst unterwegs sind oder wie schnell die Lichtquelle sich fortbewegt – Licht bewegt sich immer mit derselben Geschwindigkeit: der Lichtgeschwindigkeit!

Wie schnell ist das? Unglaublich schnell! Licht (im luftleeren Raum) bewegt sich mit genau 299.792 Kilometern in der Sekunde. Könnte man einen Lichtstrahl um den Äquator schicken, so bräuchte dieser gerade mal eine Sekunde, um die Erde siebeneinhalb Mal zu umrunden.

RELATIVITÄT

Wie man zu Einsteins Zeiten darüber dachte

Das »Relativitätsprinzip« gilt als eins der am meisten anerkannten und verbreiteten physikalischen Erkenntnisse. Die Idee dahinter ist ziemlich einfach: Die physikalischen Gesetze gelten immer, egal ob man steht oder sich bewegt.

Erstmalig erwähnt wurde das Relativitätsprinzip in Galileos 1632 erschienenem Buch *Dialog über die zwei wichtigsten Weltsysteme.* Er glaubte, dass die Erde nicht im Mittelpunkt des Universums ruht, sondern sich um die Sonne dreht. Einige waren jedoch der Meinung, dass, würde die Erde sich tatsächlich bewegen, man das spüren müsste. Das widerlegte Galileo jedoch mit einem klugen Gedankenexperiment.

Man stelle sich vor, man schließe sich in der Kajüte eines Schiffes ein, lasse »einige Mücken, Schmetterlinge und ähnliches fliegendes Getier« frei, verschaffe sich »eine große Schüssel mit Fischen« – sowie eine Wasserflasche, aus der das Wasser langsam in ein darunter gestelltes Gefäß tropft. Dann könnte man sehen, wie die Tiere umherfliegen, die Fische munter in alle Richtungen schwimmen und die Tropfen in das Gefäß tropfen.

Würde das Schiff nun die Segel setzen und sanft, gleichförmig und ohne zu schwanken aufs Meer hinausfahren, so würde sich im Inneren der Kajüte nichts ändern. Ja, man würde nicht einmal sagen können, ob sich das Schiff überhaupt bewegt.

Das liegt daran, dass sich die Luft in der Kajüte und das Wasser in der Schüssel mit derselben Geschwindigkeit vorwärtsbewegen wie man selbst.

ALLES IST RELATIV

In seinem Buch über die Relativitätstheorie stellt Einstein sich die Frage, wie es sich verhält, wenn ein Reisender in einem Zug durch den Waggon schreitet. Wenn der Zug mit konstanter Geschwindigkeit (er bezeichnet sie mit »v«) fährt und der Mann sich mit der Geschwindigkeit »w« in derselben Richtung wie der Zug vorwärtsbewegt, »wie schnell, oder anders gesagt, mit welcher Geschwindigkeit W im Verhältnis zum Bahndamm bewegt sich der Mann im Waggon«?

Wenn man darüber nachdenke, schrieb er, liege die Antwort auf der Hand. Solange der Mann im fahrenden Zug an seinem Platz bleibt, legt er im Verhältnis zur Trasse die gleiche Strecke zurück wie der Waggon. Wenn er sich nun aber seinerseits im fahrenden Waggon bewegt, beträgt seine Gesamtgeschwindigkeit im Verhältnis zur Trasse die Summe aus der Geschwindigkeit des Zuges und seiner eigenen.

Einstein notierte das so: $W = v + w$

Doch kommen wir noch einmal auf Galileos Schiff zurück. Vorausgesetzt, die Wellen schlagen mit 10 Knoten schräg von vorn gegen das im Hafen liegende Schiff, dann würden sie das mit 30 Knoten tun, sobald das Schiff ihnen mit 20 Knoten entgegensegelte. Einstein fragte sich nun: Wäre das beim Licht entsprechend?

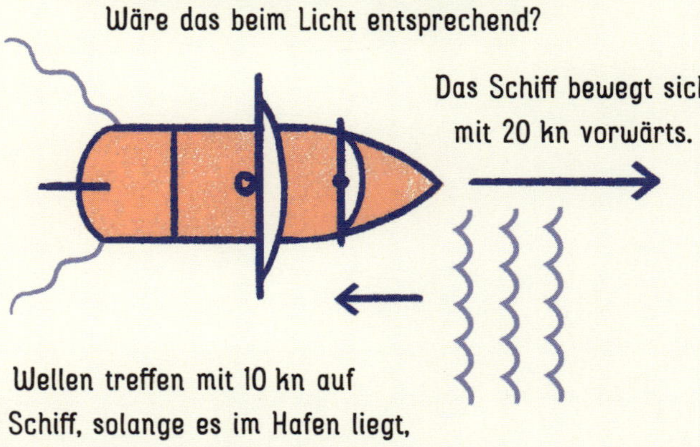

SITZT DU BEWEGUNGSLOS?

Selbst wenn du in aller Ruhe zu Hause sitzt, ohne einen Muskel zu rühren, bewegst du dich sehr schnell! Die Erde dreht sich mit 1670 km/h um sich selbst, und wir drehen uns mit ihr mit. Gleichzeitig rast die Erde mit 108.000 km/h um die Sonne, aber das Einzige, was wir davon mitkriegen, ist, wie die Sonne langsam über den Himmel wandert.

Viele tausend Jahre lang wusste niemand, ob es die Sonne ist, die sich um die Erde dreht, oder ob die Erde sich um die Sonne bewegt. Jetzt wissen wir, dass es die Erde ist, die die Sonne umkreist.

EINSTEINS WUNDERJAHR: 1905

»Phantasie ist wichtiger als Wissen, denn Wissen ist begrenzt, Phantasie hingegen umfasst die ganze Welt.« – Einstein

Was würde man sehen, wenn man neben einem Lichtstrahl herlaufen könnte?

Diese Frage stellte sich Einstein 1895, mit gerade einmal 16 Jahren. Laut der zu jener Zeit gültigen Lehrmeinung hätte er einen starren Lichtstrahl sehen müssen, in dem sich ein elektromagnetisches Feld vor und zurück bewegte. Aber das kam Einstein irgendwie komisch vor. »Im Wahrnehmen dieses Paradoxons zeichnete sich bereits der Keim der speziellen Relativitätstheorie ab«, schrieb er später.

Dieses Problem beschäftigte Einstein die nächsten zehn Jahre. Er entwickelte seine Ideen mit einer Mischung aus harter Arbeit, Genialität und – Zufällen.

1905 – in Einsteins sogenanntem »Wunderjahr« – gelang ihm schließlich eine Reihe von Durchbrüchen, die den Lauf der Naturwissenschaft verändern sollten.

Aber wie kam er zu diesen bahnbrechenden Entdeckungen? Es gab einige Dinge, die Einsteins Denken beeinflussten und ihm dazu verhalfen, seine revolutionären Ideen zu entwickeln.

ARBEIT

Trotz seiner Intelligenz hatte Einstein jahrelang Mühe, einen geeigneten Job zu finden. Er verdingte sich als Hauslehrer und bemühte sich vergeblich um eine Stelle als Assistent am Polytechnikum. Schließlich, im Jahr 1902, verhalf ihm ein Freund zu einer Anstellung als Hilfskraft am Schweizer Patentamt in Bern.

Wenn Erfinder neue Ideen austüfteln, melden sie diese zum Patent an. Das hält ihre Erfindung fest und schützt sie davor, von jemand anderem abgekupfert zu werden. Während Einsteins Zeit beim Patentamt in Bern schickten viele Erfinder Anträge für Ideen, die sich mit der Synchronisation von Uhren befassten. Ein Problem, das in Einsteins spezieller Relativitätstheorie eine große Rolle spielen sollte.

MOTOREN UND MAGNETEN

Einsteins Onkel Jakob war Ingenieur und machte ihn mit der Algebra bekannt, als er zwölf war. Zusammen lösten sie mathematische Rätsel. Später half Einstein seinem Onkel in seiner Freizeit, die Spulen und Magneten in den elektrischen Generatoren weiterzuentwickeln, die jener bei seiner Arbeit einsetzte. Das half ihm, seine Theorien über Elektromagnetismus in die Praxis umzusetzen.

Bewegt sich ein Magnet im Verhältnis zu einer Kupferdrahtspule, entsteht elektrischer Strom.

Egal ob sich der Magnet in der Spule bewegt oder die Spule im Magneten – die Menge elektrischen Stroms ist stets dieselbe.

Trotzdem hatten Physiker jener Zeit verschiedene Erklärungen für die beiden Fälle. Das kam Einstein unsinnig vor – und es ärgerte ihn. Das führte ihn zu einer weiteren Idee, die er in seiner speziellen Relativitätstheorie entwickeln sollte.

DER BERNER ZEITGLOCKENTURM

Mitten in Bern, ganz in der Nähe des Patentamts, in dem Einstein arbeitete, steht ein berühmter Glockenturm, die Zytglogge.

Der mittelalterliche Steinturm stammt aus dem frühen 13. Jahrhundert. Jede Stunde, sobald die Glocke läutet, setzt sich ein Glocken- und Figurenspiel in Bewegung: Unterhalb eines springenden Narren hält der bärtige Chronos, der Gott der Zeit bei den alten Griechen, ein Stundenglas in der Hand, während eine Reihe bewaffneter Bären unter ihm im Kreis paradiert. Alle Uhren und Mechanismen werden von ein und demselben Uhrwerk angetrieben.

Am Fuße der Zytglogge hatte Einstein eine bahnbrechende Idee. Eines Tages, im Mai 1905, hörte er die Glocke läuten …

Was würde wohl passieren, fragte sich Einstein, wenn er sich mit Lichtgeschwindigkeit vom Turm entfernen würde?

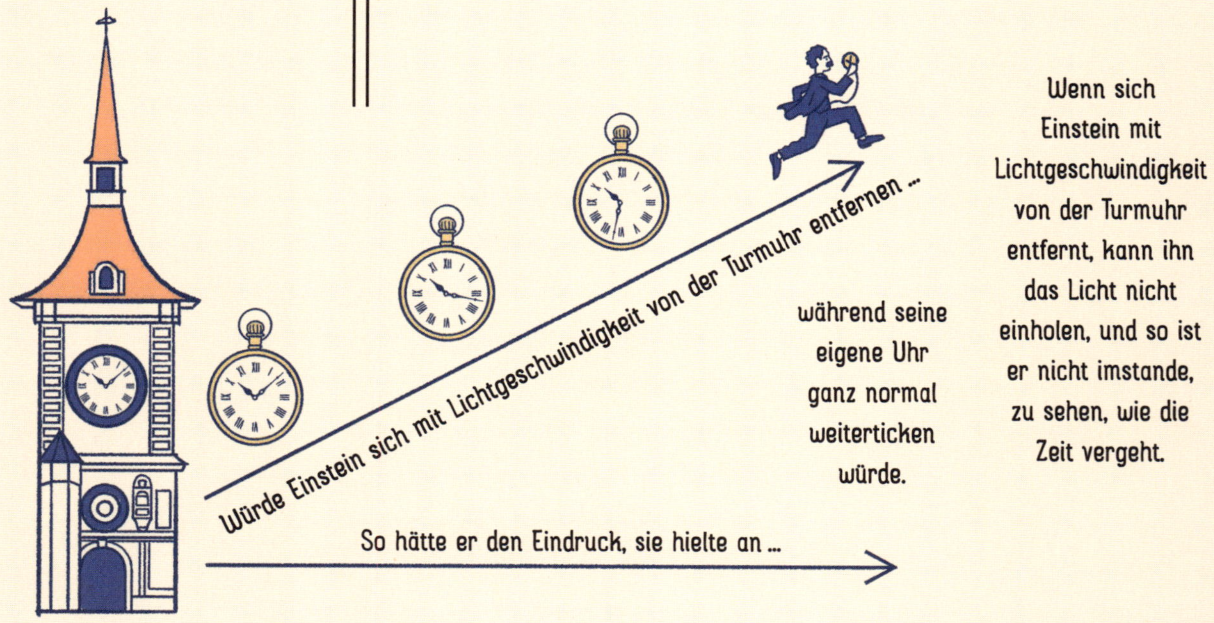

DIE VIER ARBEITEN: TEIL 1

Im Jahr 1905 fasste Einstein seine Entdeckungen in vier bahnbrechenden Arbeiten zusammen.

In einem Brief, den er 1905 an seinen Freund Conrad Habicht schreibt, entschuldigt er sich zunächst für sein »wenig bedeutsames Gepappel«, bevor er ihm von den revolutionären Ideen berichtet, an denen er gerade arbeitet. Die vier Arbeiten, die den Lauf der Naturwissenschaft, ja der Welt an sich verändern sollten, waren:

ARBEIT Nr. 1: LICHTQUANTEN, 17. MÄRZ 1905

»Die erste handelt über die Strahlung und die energetischen Eigenschaften des Lichtes und ist sehr revolutionär …«
Einstein in seinem Brief an Conrad Habicht

In dieser ersten Arbeit behauptet Einstein, Licht sei nicht einfach eine Welle, sondern ein Strom von winzigen Teilchen oder Energiepäckchen, die er Quanten nannte. Diese Lichtquanten wurden später in Photonen umgetauft.

Einsteins Entdeckung würde enorme Auswirkungen auf die Physik haben. Isaac Newton hatte behauptet, Licht bestünde aus kleinen Teilchen (Korpuskeln), aber später stellte sich heraus, dass es sich wie eine Welle bewegt.

Nun legte Einstein nahe, dass Licht zwar aus Teilchen bestehe, diese sich aber wie eine Welle verhielten.

Die Ideen, die Einstein in dieser Arbeit entwickelte, bereiteten ihm zeit seines Lebens Kopfzerbrechen. Ein halbes Jahrhundert später schrieb er in einem Brief an seinen Freund Michele Besso: »Auch 50 Jahre Nachdenken haben mich der Antwort auf die Frage, was Lichtquanten sind, kein Stück nähergebracht.«

ARBEIT Nr. 2: ATOMGRÖSSE, 30. APRIL 1905

»Die zweite Arbeit ist eine Bestimmung der wahren Atomgröße.«
Einstein in seinem Brief an Conrad Habicht

Heute wissen wir, dass sich alles aus winzigen Atomen zusammensetzt, aber 1905 hatte sich diese Erkenntnis noch nicht überall durchgesetzt. Einstein entdeckte einen Weg herauszubekommen, wie groß diese Moleküle und Atome tatsächlich sind.

Ein Jahrhundert vor Einstein ging der italienische Physiker und Chemiker Amedeo Avogadro davon aus, dass jedes Gas bei derselben Temperatur und demselben Druck in einem gegebenen Volumen von 22,4 Litern – genannt ein Mol – dieselbe Anzahl von Molekülen enthält. Diese sogenannte Avogadro-Konstante ist unfassbar groß. Würde man sie in Sandkörnern statt in Molekülen darstellen, könnte man damit die gesamte Fläche der Sahara um zwei Meter aufstocken.

Bis dahin hatte man die Zahl von Atomen und Molekülen mit Hilfe der Avogadro-Konstante in Gasen ermittelt. Einstein zeigte, wie man dies sehr viel einfacher in ruhenden Flüssigkeiten bewerkstelligen konnte.

Wenn man Zucker in Wasser auflöst, wird das Wasser dickflüssiger, wie Sirup. Je mehr Zucker man hinzufügt, desto schwerer ist es für ein Objekt, das Wasser zu durchqueren, und desto langsamer wird es. Einstein schlug nun vor, die Zähigkeit (Viskosität) als Maß zu nutzen. Er stellte Gleichungen auf, die zeigten, wie groß die Zuckermoleküle waren und wie viele sich im Wasser befanden. Diese Arbeit war für alles zu gebrauchen, vom Zementmischen bis zur Sprühdose, und sie war es, die Einstein seinen Doktortitel einbrachte: Jetzt war er Dr. Einstein.

DIE VIER ARBEITEN: TEIL 2

ARBEIT Nr. 3: BROWNSCHE BEWEGUNG,

11. MAI 1905

»eine wahrnehmbare ungeordnete Bewegung … welche durch die Wärmebewegung erzeugt ist …«
Einstein in seinem Brief an Conrad Habicht

Einsteins dritte Arbeit löste ein Rätsel, das den Physikern 80 Jahre lang Kopfzerbrechen bereitet hatte – und lieferte den endgültigen Beweis, dass Atome und Moleküle tatsächlich existieren.

Beobachtet man mikroskopisch kleine Teilchen in einer Flüssigkeit, scheinen diese sich wahllos hin und her zu bewegen. Diese merkwürdige Erscheinung war 1828 zuerst von dem schottischen Botaniker Robert Brown entdeckt worden, als er beim Blick durchs Mikroskop beobachtete, wie winzige Pollen im Wasser umhertanzten. Aber warum taten sie das? Waren Strömungen im Wasser dafür verantwortlich? Oder der Einfluss des Lichts? Niemand wusste es.

Einstein erkannte, dass die Teilchen in der Flüssigkeit von Wassermolekülen angestoßen und gestupst wurden.

Ein einzelnes Wassermolekül hat bloß einen Bruchteil der Größe eines Pollenstückchens und wäre nie in der Lage, dieses zu bewegen. Prallen jedoch tausende von ihnen ständig gegen das Pollenstückchen, so führt das häufiger dazu, dass mehr Moleküle von der einen als von der anderen Seite das Stückchen anstoßen, und dann bewegt es sich.

Anstatt nun aber jede kleine Bewegung zu zählen, stellte Einstein Vorhersagen auf, inwieweit Teilchen sich abhängig von ihrer Größe und der Temperatur der Flüssigkeit bewegen würden. Die nähere Untersuchung der Zusammenstöße lieferte dann den Beweis, dass Moleküle und Atome tatsächlich existieren.

ARBEIT Nr. 4: ZUR ELEKTRODYNAMIK BEWEGTER KÖRPER, 30. JUNI 1905

»Die vierte Arbeit … ist eine Elektrodynamik bewegter Körper unter Benützung einer Modifikation der Lehre von Raum und Zeit …«
Einstein in seinem Brief an Conrad Habicht

Schon Einsteins Veröffentlichungen in den Monaten zuvor waren bahnbrechende Entdeckungen, aber die bedeutendste sparte er sich für den Schluss auf.

1905 sah er sich einem Dilemma gegenüber. Er war auf einen Widerspruch zwischen zwei anerkannten Vorstellungen gestoßen: dass Licht sich immer mit einer konstanten Geschwindigkeit von 299.792 Kilometern pro Sekunde bewegt und dass die Gesetze der Physik, auf Grund des Relativitätsprinzips, immer gelten, im Ruhezustand ebenso wie in Bewegung.

Allein mit Hilfe von Gedankenexperimenten überwand Einstein Isaac Newtons Vorstellung vom absoluten Raum und der absoluten Zeit und veränderte so die Art und Weise, wie wir uns das Universum vorstellen.

Einsteins vierte Arbeit wurde bekannt als die spezielle Relativitätstheorie.

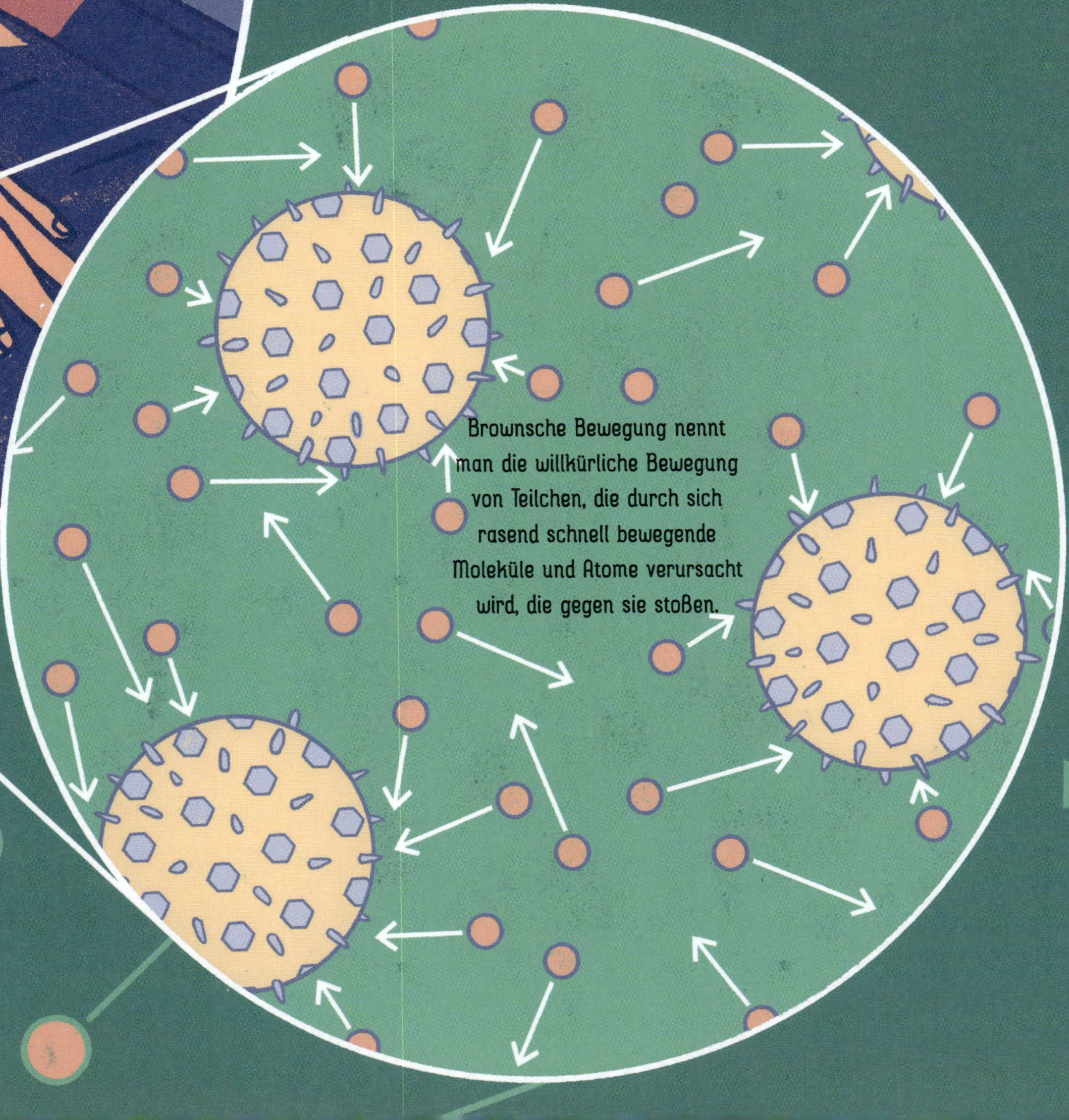

DIE SPEZIELLE RELATIVITÄTSTHEORIE:
EINE EINFÜHRUNG – TEIL 1

Nach seinem Wunderjahr, in dem er vier unglaubliche neue Theorien veröffentlicht hatte, machte Einstein sich daran, seine Ideen zur speziellen Relativitätstheorie weiterzuentwickeln. Diese neue Art und Weise, über Raum und Zeit nachzudenken, widersprach allem, woran Naturwissenschaftler und Denker bis dahin geglaubt hatten.

Stellt euch vor, ihr sitzt in einem im Bahnhof stehenden Zug. Fängt der Zug auf dem Gleis neben euch an loszurollen (oder setzt euer eigener Zug sich ganz sanft in Bewegung), ist es gar nicht so einfach, festzustellen, ob der andere Zug sich bewegt oder eurer und welcher von beiden stillsteht.

Tatsächlich ist es unmöglich, zu sagen, welcher der beiden Züge sich gerade bewegt und welcher stillsteht, ohne festzulegen, relativ zu was er das tut.

Zwei stehende Züge im Bahnhof bewegen sich weder relativ zum Bahnsteig noch zueinander. Wenn einer von ihnen aus dem Bahnhof herausfährt, bewegen beide Züge sich relativ zueinander, aber nur einer bewegt sich relativ zum Bahnsteig.

Das Relativitätsprinzip besagt, dass die Gesetze der Physik in beiden Zügen gelten müssen, ebenso wie auf dem Bahnsteig. Zum Problem wird das, sobald das Licht ins Spiel kommt.

Lichtgeschwindigkeit »c« = 299.792 Kilometer pro Sekunde

1 Einstein stellte sich einen Lichtstrahl vor, der entlang einer Eisenbahntrasse läuft. Das Licht würde sich mit Lichtgeschwindigkeit »c« bewegen, d. h. mit 299.792 Kilometern pro Sekunde.

2 Nimmt man nun an, ein Eisenbahnwaggon bewege sich in derselben Richtung wie der Lichtstrahl mit der Geschwindigkeit »v« 99.792 Kilometer pro Sekunde, wie schnell wäre der Lichtstrahl in Relation zu dem Waggon?

IM ÄTHER VERLOREN

Wenn Licht immer gleich schnell ist, egal ob man steht oder sich mit ihm bewegt, so wie Einstein sich das vorgestellt hat – relativ zu was kann man es dann messen?

Einige Leute meinten, es gäbe eine Art »Äther«, etwas, das alle Lücken im Raum füllt und sich in etwa so verhält wie Luft im Verhältnis zu den Schallwellen. Dieser Äther sollte dafür sorgen, dass sich das Licht weit entfernter Sterne zu uns bewegen kann. Das Ganze hatte bloß einen Haken – niemand konnte diesen Äther beobachten oder gar messen.

»Angesichts dieses Dilemmas scheint nichts anderes übrig zu bleiben, als entweder das Relativitätsprinzip oder das Prinzip der Konstanz der Lichtgeschwindigkeit preiszugeben.«
Einstein

3 Wenn der Waggon sich mit 99.792 Kilometern pro Sekunde bewegt, dann würde der Lichtstrahl relativ zu ihm mit 200.000 Kilometern pro Sekunde an ihm vorbeirasen. Aber das hätte zur Folge, dass die Geschwindigkeit des Lichtstrahls langsamer wäre als, nun ja, die Lichtgeschwindigkeit. Unmöglich! Was sollte Einstein tun?

Die spezielle Relativitätstheorie:
Eine Einführung – Teil 2

»Diese Theorie heißt spezielle Relativitätstheorie, um sie von der allgemeinen Theorie zu unterscheiden, die wir später behandeln werden.« – Einstein in Über die spezielle und allgemeine Relativitätstheorie

Für das Problem, das Einstein ausgemacht hatte, scheint es bloß eine von zwei Erklärungen zu geben: Entweder stimmt die Festlegung der Lichtgeschwindigkeit nicht, oder das Relativitätsprinzip ist falsch. Aber jede dieser Vorstellungen schien unumstößlich. Einstein trat auf der Stelle, wie er seinem Freund Michele Besso eines Tages auf dem Weg zur Arbeit gestand. Doch dann hatte er einen Geistesblitz. Als er seinen Freund am nächsten Tag wiedertraf, sagte Einstein: »Ich danke dir. Ich habe das Problem vollständig gelöst.« Einstein war auf eine dritte Möglichkeit gestoßen – eine, die auf den ersten Blick noch seltsamer und unwahrscheinlicher zu sein schien als die beiden anderen. Trafen sowohl die Vorstellung über die Lichtgeschwindigkeit als auch die vom Relativitätsprinzip zu, musste etwas anderes neu gedacht werden: die Zeit selbst und der Raum um uns herum.

Blitzschläge

Stell dir Blitze vor, die zur selben Zeit an zwei unterschiedlichen Orten an einer Bahnstrecke einschlagen. Ganz einfach. Aber Einstein erkannte, dass diese Vorstellung zweier simultan stattfindender Geschehnisse nicht ganz so einfach war, wie es schien.

Gesetzt den Fall, man steht genau in der Mitte zwischen den Blitzen und benutzt Spiegel, um deren Lichtblitze im selben Moment sehen zu können, dann sieht es so aus, als schlügen die Blitze gleichzeitig ein, da sich das Licht jeweils gleich weit mit derselben Geschwindigkeit auf uns zubewegt.

Aber, so Einsteins Frage, was ist, wenn man diese Blitze aus einem fahrenden Zug beobachtet?

Befindet man sich in diesem fahrenden Zug und schaut genau in der Mitte zwischen den beiden Blitzen aus dem Fenster, sind sie dann immer noch gleichzeitig? Nein!

Weil der Zug sich von dem einen Blitz wegbewegt und auf den anderen zu, wird man dessen Zucken eher wahrnehmen als dasjenige des Blitzes, von dem man sich entfernt.

Somit sind »Ereignisse, die in Bezug auf den Bahndamm gleichzeitig sind, in Bezug auf den Zug nicht gleichzeitig und umgekehrt«, schrieb Einstein in *Über die spezielle und allgemeine Relativitätstheorie*. Und um wirklich klarzumachen, wie radikal diese Vorstellung war, fuhr er fort: »Jeder Bezugskörper (Bezugssystem) hat seine besondere Zeit; eine Zeitangabe hat nur dann einen Sinn, wenn der Bezugskörper angegeben ist, auf den sich die Zeitangabe bezieht.«

Einstein hatte Newton endgültig widerlegt: Eine absolute Zeit gibt es nicht.

DIE LORENTZ-TRANSFORMATION

Hätte Einstein auf der klassischen Mechanik Galileos beruhende Gleichungen benutzt, um seine Entdeckungen mathematisch zu begründen, hätte er herausbekommen, dass die Lichtgeschwindigkeit nicht konstant ist.

Um die Widersprüche zwischen der Theorie der Elektromechanik und der klassischen Mechanik auszuräumen, benutzte Einstein die nach dem holländischen Physiker Hendrik Antoon Lorentz benannten Lorentz-Transformationen.

Diese ausgefuchste Gruppe von Gleichungen hatte Lorentz ursprünglich für seine elektromagnetischen Forschungen entwickelt. Einstein erkannte, dass man mit ihnen auch Ort oder Zeit eines Ereignisses in Bezug auf einen Referenzpunkt bestimmen kann, wenn man den Ort oder die Zeit eines Ereignisses in Bezug auf einen anderen Referenzpunkt kennt. Wendet man diese Gleichungen an, erhält man ziemlich verrückte Resultate.

ZEITDILATATION

Einsteins spezielle Relativitätstheorie hat unser Verständnis vom Universum auf den Kopf gestellt. Und sie brachte auch einige merkwürdige Einsichten mit sich. Weil Licht immer gleich schnell ist – 299.792 Kilometer pro Sekunde, egal ob man stillsteht oder sich auf den Lichtstrahl zu- oder von ihm wegbewegt –, fand Einstein heraus, dass es so etwas wie die absolute Zeit nicht gibt. Diese hängt immer davon ab, wie schnell man sich relativ zu etwas anderem bewegt.

In seinem Gedankenexperiment stellte sich Einstein eine Frau in einem fahrenden Zug vor. Auf dem Bahnsteig neben den Gleisen steht ein Mann. Beide Personen halten eine Uhr, die auf die genau gleiche Zeit eingestellt ist.

Jede der beiden Personen hat die eigene Uhr im Blick und sieht, dass die Zeit mit einem regelmäßigen Ticktack vergeht, ganz normal. Während der Zug an ihm vorbeirauscht, schaut der Mann durch das Waggonfenster und hat den Eindruck, dass die Uhr der Frau langsamer zu ticken scheint als seine eigene. Wie kann das sein?

1 Stellt euch vor, statt einer normalen Uhr wären im Zug zwei genau 299.792 Kilometer voneinander entfernte Spiegel, zwischen denen ein Lichtstrahl reflektiert wird. Wir wissen, dass das Licht genau eine Sekunde brauchen wird, um von einem zum anderen Spiegel zu gelangen, weil seine Geschwindigkeit 299.792 Kilometer pro Sekunde beträgt.

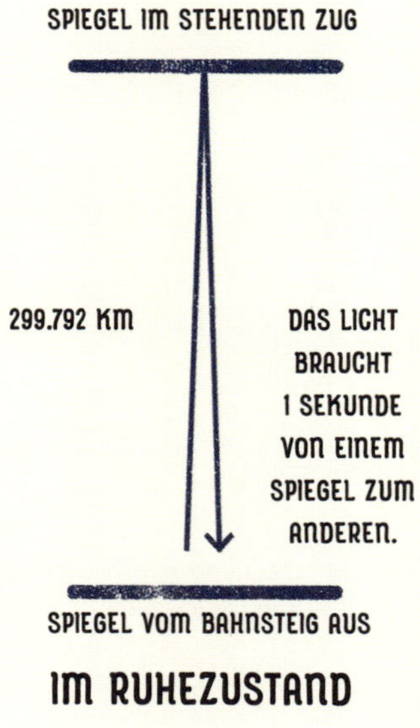

2 Gesetzt den Fall, der Zug fährt mit halber Lichtgeschwindigkeit. Dann wird der vom Mann beobachtete Lichtstrahl nicht hoch- und runterspringen, sondern schräg hoch und runter, weil die Spiegel mit dem Zug mitfahren.

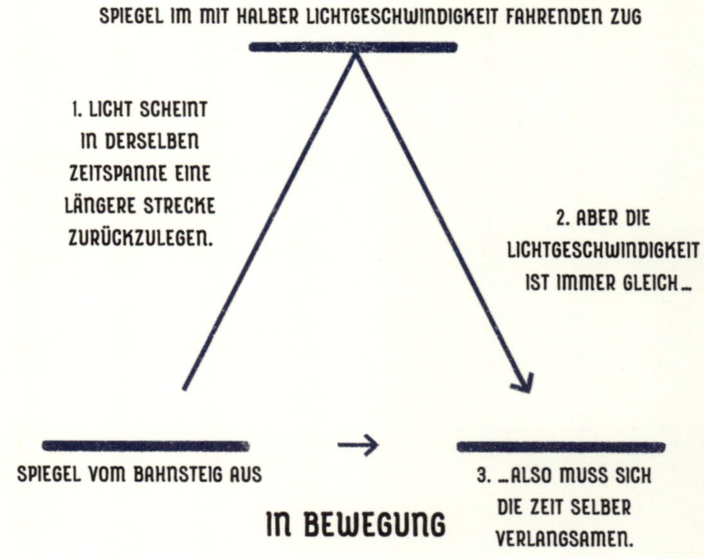

ZEITDILATATION HIER UND JETZT

Einsteins Entdeckung ist wichtig für unseren Alltag. Navis müssen ebenso wie andere GPS-gestützte Navigationssoftware die Zeitdilatation berücksichtigen, wenn sie unseren Standort berechnen, weil ein minimaler Zeitunterschied zwischen den um die Erde kreisenden Satelliten und uns am Boden besteht. Die ESA (Europäische Weltraumorganisation) hat vor, noch 2020 zwei Atomuhren auf der ISS (Internationale Raumstation) zu installieren, um die Zeitdilatation noch genauer zu untersuchen.

BEWEIS: DIE ZEIT DEHNT SICH

Es gibt zwei mögliche Erklärungen, warum die Zeit sich in Einsteins Gedankenexperiment zu dehnen scheint: Entweder ist das Licht schneller als die Lichtgeschwindigkeit (was unmöglich ist), oder – und das ist das Merkwürdige – Zeit und Raum stellen sich für die Person, die auf dem Bahnsteig steht, anders dar.

Die Lösung nennt man >Zeitdilatation<: Die Zeit dehnt sich umso mehr, je schneller man reist.

Diese erstaunliche Entdeckung wurde mehrfach durch den Einsatz von Atomuhren bestätigt, von denen sich eine auf dem Boden, die andere an Bord eines Flugzeugs befand. 2014 wurde in Darmstadt ein Präzisionsexperiment mit hochbeschleunigten Teilchen durchgeführt. Die Wissenschaftler benutzten die Schwingungen von Lithiumionen als Chronometer und beschleunigten diese auf ein Drittel der Lichtgeschwindigkeit. Mit dem Resultat, dass die beschleunigten Teilchen langsamer alterten als die ruhenden.

3 Der Lichtstrahl verlässt den unteren Spiegel, aber auf seinem Weg zum oberen Spiegel bewegen sich beide Spiegel mit dem Zug voran. Deshalb bewegt sich das Licht vom Bahnsteig aus betrachtet diagonal nach oben und unten und legt eine längere Strecke zwischen den Spiegeln zurück.

DAS ZWILLINGSPARADOXON

In seinen Gedankenexperimenten arbeitete Einstein mit Uhren und Messstäben.
Da die Zeit sich umso mehr dehnt, je schneller man sich bewegt, hat das besonders merkwürdige Folgen für Reisen ins All.

Stellt euch ein Zwillingspaar vor. Einer bleibt hier auf der Erde, während seine Zwillingsschwester in ein Raumschiff steigt. Sie fliegt sehr schnell zu einem entfernten Stern und wieder zurück. Was ist das Ergebnis?

Nun, dieses Rätsel nennt man Zwillingsparadoxon. Die Idee stammt eigentlich nicht von Einstein, sondern von dem französischen Physiker Paul Langevin. Er präsentierte sie bei einem Vortrag am 11. April 1911 mit dem Titel »Evolution von Raum und Zeit«.

SO FUNKTIONIERT'S

Weil die Zeit sich relativ zu jemandem, der sich nicht mitbewegt, verlangsamt (Zeitdilatation), altert jemand, der sich schneller bewegt als andere, langsamer als diese.

Obwohl bei uns niemand so schnell reisen kann, dass er sichtlich langsamer altert als sein Zwilling, kann man mit Hilfe der Gleichungen der Lorentz-Transformation errechnen, wie das gehen würde. Und je näher man der Lichtgeschwindigkeit kommt, desto langsamer vergeht die Zeit.

1 Einstein schlug vor, ein Zwilling sollte auf der Erde bleiben, während der zweite sich mit annähernder Lichtgeschwindigkeit zu einem entfernten Stern aufmacht.

2 Nach einem Jahr sollte der Astronautenzwilling den Stern erreichen, ihn umrunden und sich auf den Rückweg zur Erde machen. Wenn er seine Kapsel dort verließe, wäre er um zwei Jahre, die Erde jedoch um 200 Jahre gealtert.

3 Und unser Zwillingspaar? Nun, wenn unsere Zwillingsastronautin von ihrer Reise zurückkehrt, ist ihr Zwillingsbruder längst an Altersschwäche gestorben!

ZEITREISEN SIND DENKBAR!

Bedeutet das, dass Zeitreisen denkbar sind?

Ja! Laut Einsteins spezieller Relativitätstheorie sind Zeitreisen möglich. Bloß nicht so, wie ihr euch das vielleicht vorstellt. Statt in der Lage zu sein, sich zurück in die Zeit der alten Ägypter zu begeben, das antike Rom zu besuchen oder an einer Dinosaurier-Safari teilzunehmen, könnt ihr euch in die Zukunft aufmachen – vorausgesetzt, ihr seid schnell genug.

Bis jetzt ist Menschen das bloß für sehr kleine Zeitspannen gelungen. Astro- und Kosmonauten an Bord der ISS altern langsamer als wir auf der Erde. Also wird der Astronaut, der die längste Zeit im Raum um die Erde gekreist sein wird, der am langsamsten alternde Mensch sein (zumindest, solange er sich an Bord befindet).

Der augenblickliche Rekordhalter ist der russische Kosmonaut Gennady Padalka, der 879 Tage lang an fünf Weltraummissionen teilgenommen, sich also fast zweieinhalb Jahre im Weltraum aufgehalten und die Erde mit 28.000 Kilometern pro Stunde umrundet hat. Allerdings: Selbst das hat seinen Alterungsprozess nur um 0,02 Sekunden verlangsamt!

LÄNGENKONTRAKTION

In seiner speziellen Relativitätstheorie bewies Einstein, dass es keine absolute Zeit gibt. Aber das war noch nicht alles. Er erkannte auch, dass es, wenn jeder Punkt im Raum seine eigene Zeit hat, auch keinen absoluten Raum geben kann! Mit Hilfe der Gleichungen der Lorentz-Transformation fand er Folgendes heraus: Je schneller sich ein Gegenstand bewegt, desto kürzer erscheint er einem Betrachter, der stillsteht. Das nennt man die Lorentz- oder relativistische Längenkontraktion.

DEN (LANGEN) WEG GEHEN

Wollte man in Einsteins gedanklichem Zug die Entfernung zwischen der Mitte des ersten Waggons (dem Punkt ›A‹) und der Mitte des letzten Waggons (Punkt ›B‹) messen, müsste man einfach ein langes Maßband ausrollen (oder einen Zollstock benutzen, wie Einstein vorschlug) und diesem im Zug so weit folgen, bis man die gewünschte Länge auf ihm ablesen könnte.

Aber wie sieht es aus, wenn man das Ganze vom Bahnsteig aus betrachtet, wenn der Zug vorbeirauscht?

Wäre die Entfernung zwischen ›A‹ und ›B‹ dann genauso lang wie die im vorbeifahrenden Zug gemessene?

Einstein fand heraus, dass es nicht so wäre.

Erinnert ihr euch an die Gleichzeitigkeit/Ungleichzeitigkeit der Blitzschläge? Nun, die Punkte ›A‹ und ›B‹ im Zug bewegen sich relativ zur Person am Bahnsteig.

Könnte der Mann auf dem Bahnsteig die beiden Punkte im Moment der Durchfahrt genau gleichzeitig am Boden markieren und dann ihre Entfernung voneinander messen, würde er feststellen, dass die Entfernung zwischen ›A‹ und ›B‹ in der Tat kürzer wäre als die im Zug gemessene. Und je schneller der Zug wäre, desto kürzer erschiene sie ihm: Ein 200 Meter langer Zug, der sich mit 99%iger Lichtgeschwindigkeit bewegen würde, wäre bloß noch 28 Meter lang.

Newton lag erneut falsch! Es gibt keinen absoluten Raum.

Je schneller ein Objekt sich bewegt, desto kürzer scheint es zu sein.

DAS ZUGPARADOXON

Als wäre das nicht schon seltsam genug, hat die Längenkontraktion noch andere unglaubliche Konsequenzen.

Eine ist als »Leiter-« oder »Stab-Scheune-Paradoxon« bekannt. Dabei stellt man sich vor, eine Leiter würde mit großer Geschwindigkeit durch eine Scheune getragen. Aber noch spaßiger ist es, sich Einsteins 200 Meter langen Zug vorzustellen, der in einen 50 Meter langen Tunnel passt!

Wie das gehen soll? Nun, im Alltag sind wir nicht schnell genug unterwegs, um auch nur das kleinste Anzeichen von Längenkontraktion zu bemerken.

Selbst wenn ihr einen Fußball mit voller Wucht ins Tor schießt, fliegt er nicht schnell genug, um kürzer auszusehen, als er ist. Aber wenn man sich der Lichtgeschwindigkeit nähert, wird die Längenkontraktion immer extremer.

Diese Kontraktion oder Schrumpfung tritt nur in Fahrtrichtung auf. Der Zug bleibt dabei also gleich hoch und breit – er scheint bloß kürzer zu werden (wenn man sich nicht mit ihm bewegt).

Bewegt Einsteins gedachter Zug sich relativ zu einem viel kürzeren Tunnel schnell genug, scheint er so viel kürzer zu werden, dass er sogar in ihn hineinpasst.

Ja, hätte der Tunnel an beiden Enden Tore, könnte man diese sogar schließen – und das, obwohl der Zug (für die Mitfahrenden) nach wie vor länger wäre als der Tunnel.

RUHENDER GEGENSTAND SCHEINT
200 METER LANG ZU SEIN.
MIT 99 % DER LICHTGESCHWINDIGKEIT
SCHEINT ER BLOSS 28 METER LANG ZU SEIN.

DAS 4-D-UNIVERSUM

»Ein mystischer Schauer ergreift den Nichtmathematiker, wenn er von ›vierdimensional‹ hört, ein Gefühl, das dem vom Theatergespenst erzeugten nicht unähnlich ist. Und doch ist keine Aussage banaler als die, dass unsere gewohnte Welt ein vierdimensionales zeiträumliches Kontinuum ist.« – Einstein in Über die spezielle und die allgemeine Relativitätstheorie

Vor Einstein gingen alle davon aus, dass das Universum dreidimensional ist. Das heißt: um egal welchen Punkt im Raum finden zu können, reichte es, von ihm aus drei Bezüge zu einem Anfangspunkt zu kennen: wie weit vor oder hinter, über oder unter und links oder rechts von diesem er sich befindet. Die Zeit nahm man als getrennte Dimension wahr, die im Hintergrund vor sich hin tickt, während man sich zu jenem Punkt im Raum begibt. Aber Einsteins spezielle Relativitätstheorie veränderte alles.

RAUMZEIT

1908 hatte der Mathematiker Hermann Minkowski – ausgehend von Einsteins Theorie – die Idee, Raum und Zeit zur sogenannten ›Raumzeit‹ zu verbinden.

Minkowski erkannte, dass man die spezielle Relativitätstheorie auch vom geometrischen Aspekt her betrachten kann – von der Vermessung von Gegenständen in ihrem Verhältnis zueinander.

Minkowskis Idee war, wie er sagte, einschneidend: »Von Stund' an sollen Raum für sich und Zeit für sich völlig zu Schatten herabsinken und nur noch eine Art Union der beiden soll Selbständigkeit bewahren.«

Wenn sich nach der klassischen Mechanik etwas an einem bestimmten Ort ereignet, bedarf es zu seiner Bestimmung nur der drei Koordinaten dieses Ortes zuzüglich des Zeitpunkts, zu dem das Ganze geschieht. Hat also ein Blitzschlag ein Bahngleis getroffen, reichte es zu wissen, wo genau das passiert war und wann.

Dank Einstein jedoch wissen wir nun, dass der genaue Zeitpunkt, zu dem solch ein Blitzschlag erfolgt, davon abhängt, ob man sich bewegt oder sich im Ruhezustand befindet.

Minkowski erkannte, dass Zeit nicht getrennt vom Ort betrachtet werden darf. Sie ist eine ebenso wichtige Dimension und das Universum in Wirklichkeit vierdimensional.

Minkowskis Arbeit war ein wichtiger Baustein für die allgemeine Relativitätstheorie, die Einstein später entwickelte.

WELTLINIEN

Ist der Raum um uns herum also eine Verbindung aus Raum und Zeit (eben die Raumzeit), so bedeutet das, dass jede Bewegung durch die Raumzeit einer Bahnkurve oder Trajektorie folgt, die von Mathematikern berechnet werden kann.

Diese Bahnkurve nennt man ›Weltlinie‹.

Wenn sich etwas nicht im Raum bewegt, bewegt es sich immer noch in der Zeit. Stoßen zwei Teilchen zusammen, ist dieser Punkt die Kreuzung oder der Schnittpunkt ihrer Weltlinien. Jeder von uns folgt seiner ureigenen Weltlinie, die unsere Reise durch die Raumzeit abbildet.

SCHLECHTES ZEUGNIS

Obwohl Minkowski seine Idee bereits 1908 präsentierte, erfasste Einstein ihre Bedeutung erst 1912, als er versuchte, auf der Grundlage seiner Ideen zur Relativität eine Theorie über die Schwerkraft zu veröffentlichen. Als es 1916 dann so weit war, widmete er Minkowskis Entdeckung einen Abschnitt in seiner *Grundlage der allgemeinen Relativitätstheorie.*

Dass Minkowskis Arbeit so wichtig für Einstein wurde, hat auch eine komische Seite. Minkowski hatte Einstein während dessen Zeit am Zürcher Polytechnikum Nachhilfe in Mathematik gegeben und war von den Fähigkeiten des jungen Einstein nicht sehr beeindruckt. Umso erstaunter äußerte er sich über dessen spätere Entdeckungen: *»Das kam für mich sehr überraschend, denn in Studententagen war er ein fauler Hund ... Mathematik war ihm völlig egal!«*

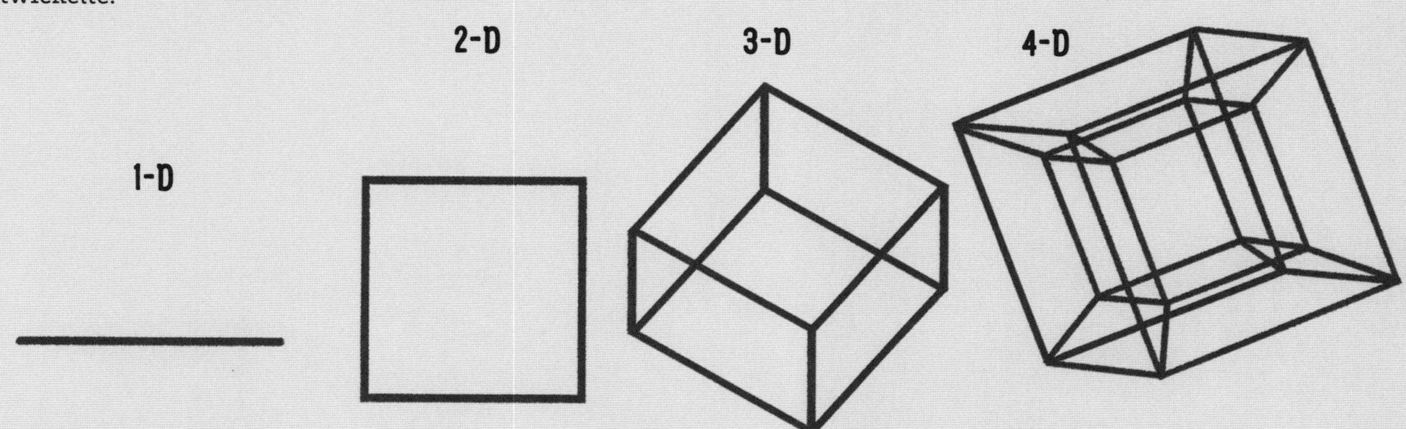

$E = mc^2$
DIE BERÜHMTESTE GLEICHUNG DER WELT

»Die Masse eines Körpers ist ein Maß für dessen Energiegehalt.«

Gleichungen sehen oft aus wie vertrackte, komplizierte Ketten von Zeichen und Symbolen. Wie also hat Einstein es hinbekommen, eine aufzustellen – $E = mc^2$ –, die so eingängig ist, dass sie es auf Poster geschafft hat, auf T-Shirts, Briefmarken und Kaffeebecher? Und was genau bedeutet sie?

ARBEIT Nr. 5: ZUR TRÄGHEIT EINES KÖRPERS,
27. SEPTEMBER 1905

Im September 1905 schrieb Einstein seinem Freund Conrad Habicht erneut und offenbarte ihm eine fünfte, unglaubliche Entdeckung.

»Eine Konsequenz der elektrodynamischen Arbeit ist mir noch in den Sinn gekommen. Das Relativitätsprinzip im Zusammenhang mit den Maxwellschen Grundgleichungen verlangt nämlich, dass die Masse direkt ein Maß für die im Körper enthaltene Energie ist; das Licht überträgt Masse.«

Das war eine großartige Idee. Die Arbeit, die er am 27. September 1905 fertigstellte, war kurz und klar – sie umfasste nicht mehr als drei Seiten. Aber sie würde die Welt verändern.

DIE GLEICHUNG

Als Einstein seine Arbeit 1905 schrieb, benutzte er noch nicht die berühmte Gleichung. Er und etliche andere Physiker mussten noch jahrelang daran feilen, bis sie sich so elegant präsentierte:

$E = mc^2$.

Was genau bedeutet das?

E

steht für Energie, gemessen in Joule.

=

heißt >entspricht< oder >ist gleich<.

ENERGIE UND MASSE

Vor Einsteins Relativitätstheorie gab es zwei wichtige Gesetze in der Physik:

1. Das Gesetz der Energieerhaltung: Es besagt, dass Energie nicht erzeugt oder vernichtet werden kann; die Gesamtmenge bleibt immer gleich, sie wandelt sich bloß von einer Form in die andere.

2. Das Gesetz der Massenerhaltung: Es besagt, dass Masse (die Gesamtmenge der Materie in einem Körper) nicht erzeugt oder vernichtet werden kann; sie verändert bloß ihre Form.

Diese Gesetze galten als unabhängig voneinander.
Erst Einstein erkannte, dass die Masse eines Körpers nur ein Maß für dessen Energiegehalt ist.

Statt zweier getrennter Erhaltungssätze gibt es also nur einen: das Gesetz über die Erhaltung von Masse und Energie.

»Mittels der Relativitätstheorie sind sie zu einem Gesetz vereinigt worden«, schrieb Einstein in seinem Buch *Über die spezielle und die allgemeine Relativitätstheorie.*

Nimmt man die Masse eines Teilchens und multipliziert sie mit dem Quadrat der Lichtgeschwindigkeit (nimmt diese also mit sich selbst mal – eine riesige Zahl), dann weiß man, wie viel Energie diesem Teilchen innewohnt.

Selbst kleinste Teilchen enthalten eine Riesenmenge Energie: Könnte man zum Beispiel die gesamte Masse einer Rosine in Energie umwandeln, würde diese reichen, New York einen Tag lang mit Strom zu versorgen!

Das ist als Umrechnungsfaktor bekannt: die Zahl, die man benutzen muss, um eine Masseneinheit in eine Energieeinheit umzuwandeln.

In der Gleichung beträgt sie

299.792.458 m/s

(Lichtgeschwindigkeit in Metern pro Sekunde), multipliziert mit sich selbst, was folgende Riesenzahl ergibt

89.875.517.873.681.764 m^2/s^2

m

steht für Masse, gemessen in Kilogramm.

c^2

steht für die konstante Lichtgeschwindigkeit in einem Vakuum, multipliziert mit sich selbst.

Diese beiden Zahlen werden miteinander malgenommen.

DIE FOLGEN

Der endgültige Beweis von Einsteins Gleichung erfolgte erst 1932. Die Physiker John Cockcroft und Ernest Walton lösten am Cavendish-Laboratorium zum ersten Mal eine Kernreaktion aus.

Sie beschossen einen Lithium-Atomkern mit beschleunigten Protonen, worauf die dadurch zertrümmerten Teilchen als Reaktion jeweils zwei Heliumkerne (sogenannte Alphateilchen) produzierten und dabei eine riesige Menge an Energie freisetzten.

Sechs Jahre nach diesem Experiment entdeckte man, dass man Atomkerne spalten kann (die sogenannte Kernspaltung). Das führte zur Entwicklung der Atombombe während des Zweiten Weltkriegs. Im August 1945, kurz vor Kriegsende, warfen die USA zwei Atombomben ab – über Hiroshima und Nagasaki –, wodurch die beiden japanischen Städte bis auf die Grundfesten zerstört und hunderttausende ihrer Bewohner getötet wurden. Diese Bomben bewiesen auf schreckliche Weise, was für ein ungeheures Potenzial sich hinter Einsteins Formel verbarg.

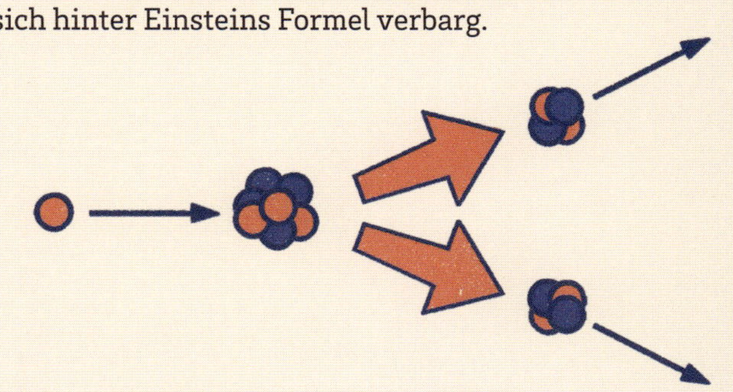

DIE ALLGEMEINE RELATIVITÄTSTHEORIE:
EINE EINFÜHRUNG – TEIL 1

Obwohl seine spezielle Relativitätstheorie die klassische Physik auf den Kopf gestellt hat, erkannte Einstein, dass sie zwei wichtige Fragen unbeantwortet ließ: Bislang waren all seine Gedankenexperimente von Körpern ausgegangen, die sich gleichförmig bewegten – was aber, wenn diese sich beschleunigten? Und wie konnte Schwerkraft instantan (augenblicklich) über enorme Entfernungen wirken, so wie Newton das behauptet hatte, wo doch nichts schneller war als die Lichtgeschwindigkeit?

EIN GLÜCKLICHER GEDANKE

Nach 1905, seinem Wunderjahr, zerbrach sich Einstein die nächsten zehn Jahre den Kopf über genau diese Probleme. Der Durchbruch gelang ihm eines Tages bei der Arbeit: »Ich saß auf meinem Stuhl im Patentamt in Bern. Plötzlich hatte ich einen Einfall«, erklärte er 1922. »Wenn sich eine Person im freien Fall befindet, wird sie ihr eigenes Gewicht nicht spüren.«

Dies bezeichnete er als »den glücklichsten Gedanken in meinem Leben«, führte er ihn nach einigen Umwegen doch zu seiner allgemeinen Relativitätstheorie.

DER MANN IM KASTEN

Einstein stellte sich einen Mann in einem geräumigen Kasten von der Art eines Zimmers vor, im leeren Weltraum, weit weg von der Gravitationskraft irgendwelcher Sterne und/oder erheblicher Massen. Und dass dieser Kasten von einem am Deckel befestigten Seil gleichförmig beschleunigt würde.

Im Innern des Kastens gibt der Druck seines Gewichtes dem Mann Bodenhaftung, und eine Lampe über ihm hängt von der Decke herab. Lässt er eine Münze fallen, so fällt diese senkrecht nach unten. Wie wird der Mann all das beurteilen?

Wenn der Mann nicht weiß, dass er sich in einem Kasten befindet, der durch den Weltraum gezogen wird, muss er annehmen, dass er sich in einem Kasten auf der Erde befindet und dass es die Schwerkraft ist, die seine Füße auf den Boden drückt, die Lampe über ihm hängen und die Münze herabfallen lässt.

Weil der Mann den Unterschied zwischen der Schwerkraft und der Trägheit (Widerstand von etwas gegen seine Beschleunigung) nicht feststellen kann, müssen dem Relativitätsprinzip zufolge alle Gesetze der Physik, die für die Gravitationskraft gelten, auch für die Beschleunigung gültig sein.

Einstein erkannte, dass »die schwere Masse eines Körpers der Masse seiner Trägheit entspricht«.

Diese Vorstellung nannte er das Äquivalenzprinzip: Gravitationskräfte und Trägheitskräfte entsprechen sich. Und das bedeutete grünes Licht für alle möglichen cleveren Erkenntnisse über die Natur der Gravitationskraft.

DAS SCHWEREFELD

»Wenn wir einen Stein aufheben und dann loslassen, warum fällt er zu Boden?«, schrieb Einstein in seinem Buch über die Relativitätstheorie. »Die übliche Antwort auf diese Frage lautet: ›Weil er von der Erde angezogen wird.‹«

Als Isaac Newton über die Schwerkraft (Gravitationskraft) nachdachte, glaubte er, dass Erde und Stein (oder Apfel) sich augenblicklich (instantan) gegenseitig anziehen und dass die Stärke der Anziehung von ihrer Masse (der Menge der Materie) abhängt sowie von ihrer Entfernung voneinander. Aber wie konnte das instantan geschehen?

Einstein hatte in seiner speziellen Relativitätstheorie behauptet, dass sich nichts schneller bewegen kann als Licht. Also würde auch die Gravitationskraft zwischen zwei Körpern – wie der Sonne und der Erde – etwas Zeit (in diesem Fall 8,3 Minuten) brauchen. Irgendetwas stimmte nicht an Newtons Theorie. Die Ideen von James Maxwell und die Untersuchung des Elektromagnetismus durch Michael Faraday boten eine andere Erklärung.

Eine elektrische Ladung erzeugt ein elektrisches Feld um sich, das eine andere Ladung anziehen kann. Die Anziehungskraft eines elektrischen Feldes verbreitet sich mit Lichtgeschwindigkeit im Raum. Würden wir also ein elektrisches Feld im Zentrum der Sonne platzieren, würden wir seine Auswirkungen nach exakt der gleichen Verzögerung von 8,3 Minuten spüren.

Es gibt also eine bestechende Ähnlichkeit zwischen Elektromagnetismus und Gravitation, nur dass einmal die Masse der Ausgangspunkt des Gravitationsfeldes ist, während beim elektrischen Feld diese Rolle von der elektrischen Ladung übernommen wird.

DIE ALLGEMEINE RELATIVITÄTSTHEORIE:
EINE EINFÜHRUNG – TEIL 2

Einstein war es gelungen, seine spezielle Relativitätstheorie auf ein Gravitationsfeld anzuwenden, aber auf ihn warteten noch komplexere Formen der Gravitation, über die er nachdenken musste. Zeit für ein weiteres seiner berühmten Gedankenexperimente.

Stellt euch eine rotierende Riesenscheibe vor, die wie ein flaches Frisbee durch den Weltraum fliegt, zusammen mit einem Mann, der an ihrem Rand sitzt. Würden wir sie von einer anderen Scheibe in ihrer Nähe aus beobachten, die sich nicht dreht, sähen wir den Mann sich im Kreise herumdrehen, wie auf einem Karussell, und kämen zu dem Schluss, dass die Kraft, die auf ihn einwirkt und ihn nach außen zieht, durch die Trägheit verursacht wird.

Umso erstaunter wären wir, wenn der Mann selbst behauptete, nicht er drehe sich, sondern alles um ihn herum. Und die Kraft, die auf ihn einwirkt? Nun, würde er uns entgegnen, das sei bloß so eine Art Gravitationsfeld, das am Rand stark wäre und zur Mitte der Scheibe hin immer schwächer würde.

MESSUNGEN

Mit einem 1 m langen Messstab ermittelt der Mann den Durchmesser seiner Scheibe – er beträgt 10 m. In der Geometrie kann man den Umfang eines Kreises mit Hilfe des Durchmessers und der Zahl Pi (das schreibt man auch so: π) ermitteln. Pi ist eine sehr lange Zahl, die mit 3,14 anfängt. Wenn man Pi (3,14) mit dem Durchmesser (10 m) multipliziert, erhält man die Lösung: Die Scheibe hat einen Umfang von gut 31 m, also kann der Mann seinen Stab 31-mal anlegen.

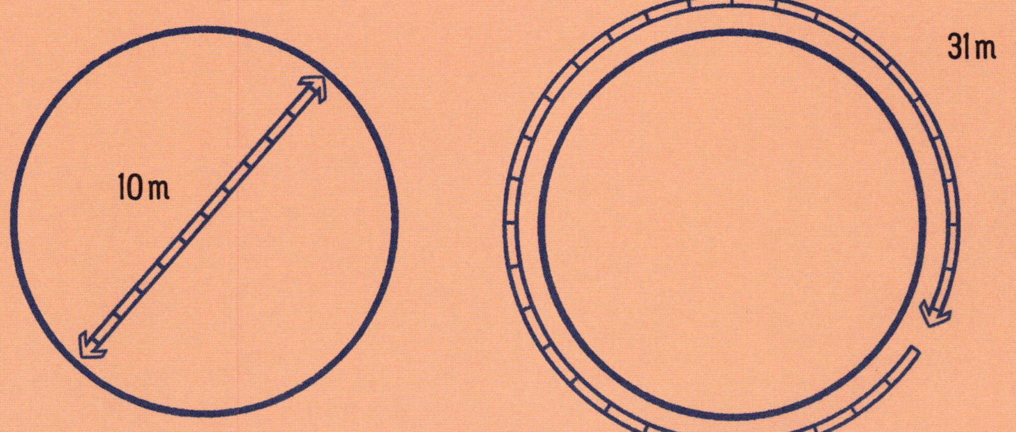

AUF DIE UHR SCHAUEN

Der Mann beschließt, ein paar Experimente zu machen. Er stellt zwei identische Uhren auf die Scheibe – eine in die Mitte und eine an den Rand.

Von uns, von der nicht rotierenden Scheibe aus, bewegt sich die Uhr in der Mitte nicht fort, aber die am Rand flitzt im Kreis herum.

Entsprechend der Zeitdilatation der speziellen Relativitätstheorie kann die Zeit verschieden schnell vergehen, je nachdem, ob wir stehen oder uns fortbewegen. Also sähen wir, dass die Zeiger der Uhr am Rand sich langsamer bewegten als die derjenigen in der Mitte.

Der Mann auf der Drehscheibe wäre der Meinung, keine der beiden Uhren würde sich fortbewegen, und dennoch schiene ihm die Uhr am Rand langsamer zu gehen. Wie das?

Gravitation und Trägheit sind äquivalent (das wissen wir vom Mann im Kasten). Während die unterschiedlichen Uhrzeiten, die wir wahrnehmen, also der Beschleunigung geschuldet sind, hat Einstein erkannt: »In jedem Gravitationsfeld wird eine Uhr schneller oder langsamer gehen, je nach der Position, in der sich die Uhr befindet (in Ruheposition).«

Aber für uns, die wir das Ganze von der anderen Scheibe aus beobachten, passiert etwas Seltsames: Die Messstäbe am äußeren Rand der Drehscheibe scheinen kürzer zu sein als 1 m. Warum? Nun, auf Grund der Längenkontraktion der speziellen Relativitätstheorie – so wie bei dem von einem stehenden Beobachter aus betrachteten beschleunigenden Zug!

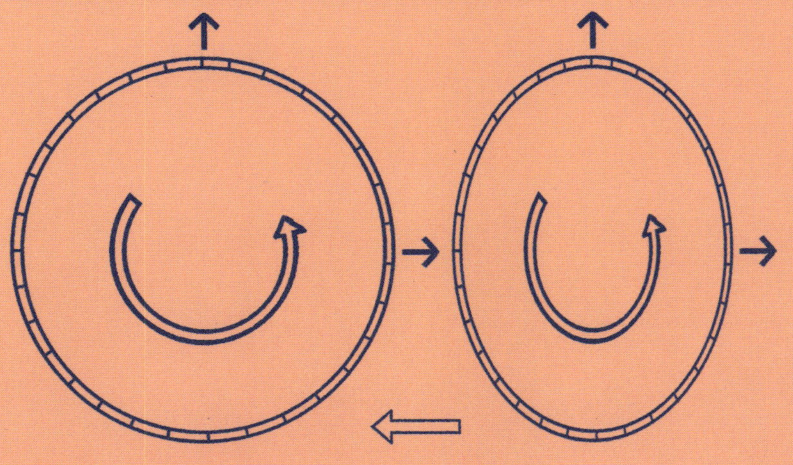

Weil Rotation bloß Beschleunigung im Kreis ist und etwas erzeugt, das aussieht wie der Effekt eines Gravitationsfelds – wie beim Kasten im Weltraum –, erkannte Einstein, dass er seine spezielle Relativitätstheorie nicht nur auf geradlinig beschleunigte, sondern auch auf rotierende Körper anwenden konnte. Und er erkannte, dass die üblichen Regeln der Geometrie nicht auf die Schwerkraft zutreffen.

EINSTEINS SELTSAME ENTDECKUNGEN

Mit seiner allgemeinen Relativitätstheorie gelang es Einstein, seine spezielle Relativitätstheorie so zu erweitern, dass sie auch für beschleunigte Körper (nicht bloß für gleichförmig bewegte) und für die Schwerkraft angewandt werden konnte. Und nebenbei fand er dabei noch einige seltsame Dinge über das Universum heraus.

LICHTBIEGUNG

Stellt euch vor, der durch den Weltraum gezogene Kasten hätte in der Wand ein winziges Loch. Was geschähe, wenn ein Lichtstrahl hindurchfiele, während der Kasten beschleunigt würde?

In der Zeitspanne, die das Licht benötigte, um sich durch den Kasten zu bewegen (mit Lichtgeschwindigkeit), hätte der Kasten sich nach oben bewegt. Also träfe der Lichtstrahl etwas tiefer auf die gegenüberliegende Wand.

Zeichnete man die Spur des Lichtes im Kasten nach, sähe man, dass diese gekrümmt wäre.

Unter Anwendung des Relativitätsprinzips (entsinnt euch, dass der Mann im Kasten den Unterschied zwischen Schwerkraft und Beschleunigung nicht feststellen kann)

wurde Einstein klar, dass Licht sich auch in einem Gravitationsfeld krümmen muss.

Obwohl die Abweichung so minimal wäre, dass man sie im Alltag kaum messen könnte, rechnete er aus, dass Lichtstrahlen, die die Sonne streiften (eine große Masse mit einem starken Gravitationsfeld), eine Ablenkung von 1,7 Bogensekunden erfahren würden. Eine Bogensekunde ist winzig – ein Winkel von gerade einmal 1/3600 Grad!

Um das überprüfen zu können, musste Einstein letztendlich bis 1919 warten, nämlich auf eine Sonnenfinsternis, die es den Astronomen ermöglichte, die Position von Sternen zu messen, die sich hinter der Sonne befinden, und zu berechnen, ob und, wenn ja, wie sehr deren Licht durch die Sonne gebogen würde.

GRAVITATIVE ROTVERSCHIEBUNG

Obwohl Licht sich stets mit derselben Geschwindigkeit bewegt, können Lichtwellen zusammengedrückt oder auseinandergezogen werden, wodurch sie ihre Farbe ändern. Blaues Licht hat kürzere Wellenlängen als rotes.

Wenn Licht sich durch die gekrümmte Raumzeit bewegt, verändert sich seine Farbe durch den Verzögerungseffekt der Gravitationskraft. Da es seine Geschwindigkeit jedoch nicht verändern kann, verschiebt sich die Wellenlänge oder Farbe auf seinem Weg vom stärkeren Gravitationsfeld der Sonne zum schwächeren der Erde vom blauen Ende des Spektrums mit seiner höheren Frequenz hin zu seinem roten Ende mit der niedrigeren Frequenz.

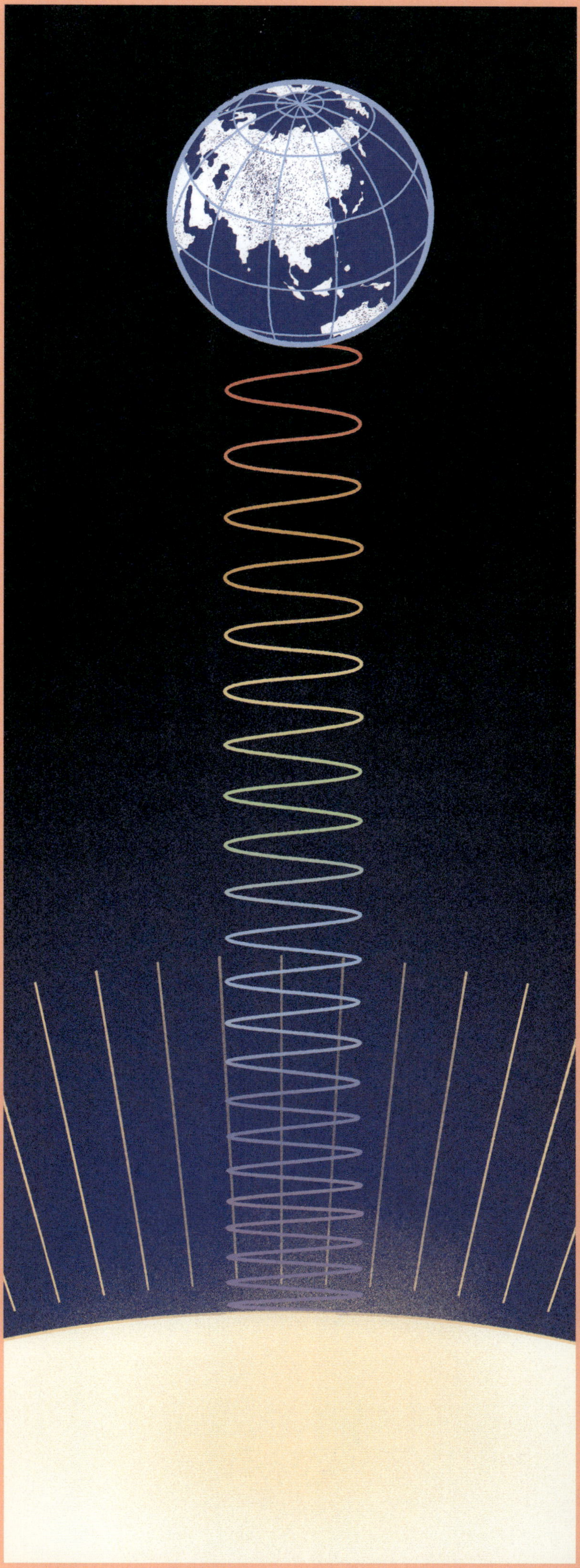

DIE FORM DES UNIVERSUMS

»Auch die Vorstellung einer geraden Linie verliert ihre Gültigkeit.«
Einstein in Über die spezielle und allgemeine Relativitätstheorie

GEKRÜMMTE RAUMZEIT

Das Universum, das Einstein entdeckt hat, stellt sich nicht mehr einfach als ein riesiger, leerer Raum mit darin verstreuten Sternen und Planeten dar, sondern als durch die Gravitationskraft gekrümmt und verzerrt. Ja, die Gravitation IST die Krümmung der Raumzeit.

Am besten kann man sich das vorstellen, wenn man sich den Weltraum wie ein riesengroßes Trampolin denkt. Legt man nun einen richtig schweren Bowlingball ins Zentrum des Trampolins, so erzeugt dieser eine Delle in der Oberfläche. Er krümmt sie. Und lässt man jetzt einen kleinen Tennis- oder Tischtennisball über das Trampolin rollen, wird dessen Bahn in Richtung der Bowlingkugel abweichen.

Je größer die Masse ist – egal ob es sich nun um einen Bowlingball auf dem Trampolin oder um einen Stern wie unsere Sonne im Weltraum handelt –, desto stärker wird sie die Raumzeit in ihrer Umgebung krümmen. Und verteilt man gleich mehrere Bälle unterschiedlicher Größe (Masse) auf dem Trampolin, sorgen diese für eine gewellte, verzerrte Oberfläche. Das gibt euch eine erste grobe Vorstellung davon, wie unser Universum aussieht.

VON A NACH B GELANGEN

Zeichnet zwei Punkte auf ein planes Stück Papier. Was ist der kürzeste Weg zwischen ihnen? Eine Gerade, natürlich.

Das mathematische Teilgebiet, welches das erklärt, ist in der klassischen Physik die euklidische Geometrie, benannt nach dem griechischen Mathematiker Euklid.

Diese Art von Geometrie können wir anwenden, um z. B. Entfernungen auf einer Karte oder die Winkel in einem Dreieck auszurechnen. Aber im vierdimensionalen Raum ist alles ein wenig komplizierter.

In der euklidischen Geometrie reichen drei Koordinaten, um den Standort von etwas zu bestimmen – x, y und z. Aber in der nichteuklidischen Geometrie einer gekrümmten Raumzeit ist die kürzeste Verbindung zwischen zwei Punkten nicht die Gerade, sondern eine Kurve. Einstein fand heraus, dass man zehn Gleichungen (Feldgleichungen) für jede Koordinate lösen muss, um Entfernungen zu berechnen.

WELCHE FORM HAT DAS UNIVERSUM?

Einstein behauptete, dass das Universum »endlich ist und dennoch unbegrenzt«. Wie kann das sein?
Stellt euch vor, ihr seid auf einem flachen Planeten und könnt in jede Richtung gehen. Was passiert, wenn ihr zum Rand kommt? Ihr fallt herunter.

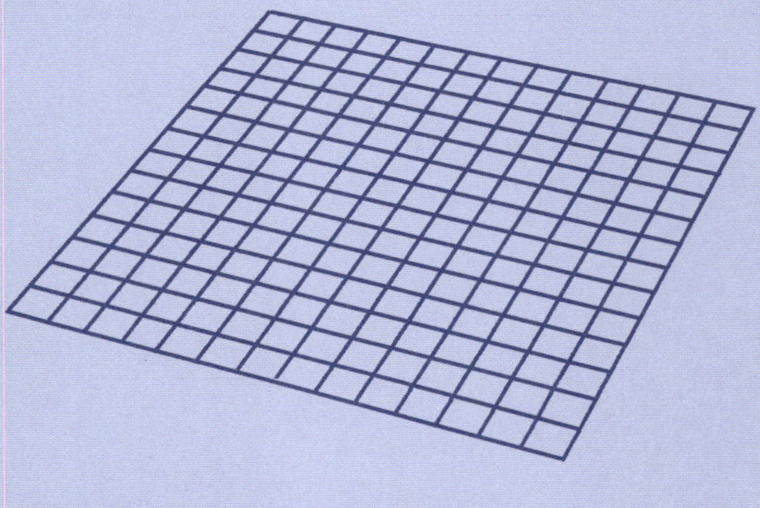

Jetzt formt das flache Land zu einem großen Ball. Ihr könnt euch immer noch in jede Richtung bewegen, aber obwohl es immer noch eben zu sein scheint, ist es ganz leicht gekrümmt, so dass ihr, wenn ihr nur lang genug geht, wieder zu eurem Ausgangspunkt zurückkehrt.

Beim Universum ist es nicht anders – bloß dass die Krümmung vierdimensional ist. Auch wenn ihr ewig in irgendeine Richtung fliegt: das Ende des Universums werdet ihr nie erreichen.

Was diese Vorstellung nicht leichter macht, ist, dass sich das Universum sogar ausdehnt und sich jeder Punkt im Weltraum von jedem Punkt entfernt.

DER BEWEIS!

WIE EINSTEINS THEORIE GEPRÜFT WURDE

»Von der Erde aus betrachtet, scheinen sich gewisse Fixsterne in direkter Nähe zur Sonne aufzuhalten, so dass sie nur während einer totalen Sonnenfinsternis zu beobachten sind. Während dieser Zeit müssten die Sterne nach außen verschoben erscheinen … im Vergleich zur Position, an der sie sich zu befinden scheinen, wenn die Sonne an anderer Stelle am Himmel steht.« – Einstein

Einstein wollte seine *Allgemeine Relativitätstheorie* mit drei Tests beweisen. Der erste bestand darin, dass er seine Gleichungen anwendete, um die ungewöhnliche Umlaufbahn des Merkurs zu erklären, die sich bei jeder Sonnenumrundung leicht verschiebt. Der zweite diente dazu, seine Behauptung zu überprüfen, dass die Bahn des Lichts durch die Gravitationskraft gebogen wird. Der dritte schließlich galt der Gravitationsrotverschiebung, um zu beweisen, dass sich die Wellenlänge des Lichts, obwohl dessen Geschwindigkeit konstant ist, auf Grund der Gravitationskraft verändern kann und damit auch seine Farbe. Es war der zweite Test, der sich als der wichtigste herausstellen sollte – und auch als der schwierigste.

EIN ERSTER VERSUCH

Schon 1914, bevor er die letzte Fassung seiner *Allgemeinen Relativitätstheorie* veröffentlichte, plante Einstein eine Expedition, um seine Gleichungen zu überprüfen. Er gewann den jungen Astronomen Erwin Freundlich dafür, auf die Krimhalbinsel zu reisen, um dort im Verlauf der Sonnenfinsternis am 21. August 1914 Fotos zu machen und Messungen durchzuführen.

Freundlichs Messungen, glaubte Einstein, würden zeigen, dass die Gravitationskraft der Sonne die Lichtbahnen von hinter der Sonne gelegenen Sternen auf ihrem Weg zur Erde ablenkt.

Kurz nach Freundlichs Abreise – nur wenige Tage vor der Sonnenfinsternis – brach der Erste Weltkrieg aus. Deutschland erklärte Russland den Krieg, und Freundlich wurde gefangen genommen. Wie sich herausstellte, war es am Tag der Sonnenfinsternis bewölkt, so dass Freundlich die Messungen sowieso nicht hätte machen können. Es schien sich alles gegen sie verschworen zu haben!

ZURÜCK AUF LOS

Das Scheitern von Freundlichs Unternehmen sollte sich später jedoch als Glücksfall erweisen: Einstein hatte sich nämlich verrechnet! Wäre die Expedition erfolgreich gewesen, hätte sich Einsteins Theorie als falsch erwiesen. Aber zu seinem Glück passierte das nicht. Stattdessen verbrachte Einstein das nächste Jahr damit, seine Berechnungen zu revidieren, und kam zu dem Ergebnis, dass das Licht weit entfernter Sterne um 1,7 Bogensekunden abgelenkt würde – und nicht, wie er zunächst ausgerechnet hatte, um 0,85. Die nächste Sonnenfinsternis würde nicht vor 1919 stattfinden, also blieb Einstein nichts anderes übrig, als so lange zu warten.

DIE ZWEITE EXPEDITION

Am 29. Mai 1919 machte Arthur Eddington, der Direktor des Observatoriums in Cambridge, die Fotos, die die Richtigkeit von Einsteins allgemeiner Relativitätstheorie endgültig bewiesen.

Eddington und seine Expedition segelten in zwei Gruppen – eine zur Prinzeninsel vor der Westküste Afrikas und die andere in den Amazonasdschungel im Norden Brasiliens.

Sie bauten ihre Instrumente auf, und um 15:13 Uhr, als die Sonnenfinsternis begann, machten sie Aufnahmen von den Sternen, die die Sonne umgaben. Im November 1919, nach einer monatelangen, nervenaufreibenden Wartezeit, in der die Wissenschaftler nach Hause zurückkehrten und ihre kostbaren Fotoplatten entwickelten, standen die Ergebnisse endlich fest.

Die Gravitationskraft der Sonne lenkt das Licht ab. Einstein hatte Recht!

Einstein fand heraus, dass von massereichen Körpern wie der Sonne eine so starke Gravitationskraft ausgeht, dass sogar das Licht von seiner ursprünglichen Bahn abgelenkt wird.

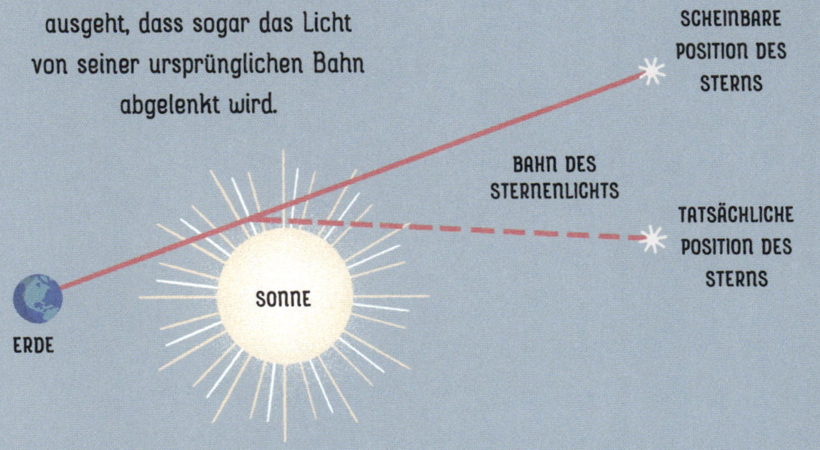

Das führt dazu, dass gewisse Sterne während einer Sonnenfinsternis eine andere Position zu haben scheinen als unter normalen Umständen.

DIE VERÖFFENTLICHUNG:
ÜBER DIE SPEZIELLE UND ALLGEMEINE RELATIVITÄTSTHEORIE

»Möge das Büchlein manchem einige frohe Stunden der Anregung bringen!«
Einstein in seinem Vorwort

Nach dem Erscheinen seiner allgemeinen Relativitätstheorie im November 1915 machte sich Einstein daran, dem breiten Publikum seine bahnbrechende Theorie in einem allgemein verständlichen ›Büchlein‹ näherzubringen. Er wollte »solchen eine möglichst exakte Einsicht in die Relativitätstheorie vermitteln, die sich vom allgemein wissenschaftlichen, philosophischen Standpunkt für die Theorie interessieren, ohne den mathematischen Apparat der theoretischen Physik zu beherrschen«.

Er vollendete das Büchlein im Dezember 1916, und Anfang 1917 wurde es in Deutschland veröffentlicht.

EIN WELTERFOLG

Einstein war nicht rundherum glücklich mit seinem Buch. Er hielt seine Erklärungen der Theorie für »ziemlich hölzern«.

Aber das hinderte das Büchlein nicht daran, ein absoluter Welterfolg zu werden.

Innerhalb von nur fünf Jahren nach seinem Erscheinen in Deutschland wurde Einsteins Büchlein in zehn Sprachen übersetzt, darunter ins Französische, Japanische, Russische und Chinesische.

Als Einsteins Ruhm sich mehrte und er überall Vorträge über seine Entdeckungen hielt, wurde der Erfolg des Buches immer größer. Es erschien in den folgenden Jahren u. a. auch auf Arabisch, Griechisch, Isländisch, Portugiesisch und Türkisch.

WORK IN PROGRESS

Aber erst nachdem Einsteins Theorie 1919 bewiesen worden war, ging der Verkauf des Büchleins so richtig los.

Die erste englische Ausgabe erschien im August 1920, kurz nachdem Einsteins allgemeine Relativitätstheorie durch Arthur Eddingtons Expedition und seine Messungen der Abweichung des Lichts von seiner Bahn während der Sonnenfinsternis bewiesen worden war.

Einstein fügte noch ein Kapitel über den experimentellen Nachweis seiner Theorie an. Aber er hörte nicht auf, an dem Buch herumzubasteln, noch fast 30 Jahre nach seiner Erstveröffentlichung, 1946, ergänzte er zum Beispiel einen wichtigen Abschnitt über die Struktur von Raum und Universum.

E = MC²

DAS PHÄNOMEN EINSTEIN

»Wenn ein blinder Käfer an einem gekrümmten Ast entlangkriecht, merkt er nicht, dass der Ast gekrümmt ist. Ich hatte das Glück zu bemerken, was der Käfer nicht bemerkt hat.«
Einstein, um seinem Sohn Eduard seine Berühmtheit zu erklären

Nur ein Jahr nach Ende des Ersten Weltkriegs, in dem Deutschland gegen England und Frankreich kämpfte, hatte ein englischer Naturwissenschaftler bewiesen, dass eine von einem deutschen Juden zusammenfantasierte, unglaubliche Theorie korrekt war. Das war eine Nachricht, auf die die Welt gewartet zu haben schien.

EIN BLITZERFOLG

Einsteins Entdeckung regte die Fantasie von Menschen in der ganzen Welt an. Und das, obwohl die wenigsten die Theorie richtig verstanden.

Die Zeitungen feierten Einsteins Entdeckung:

»HIMMELSLICHTER TOTAL VERRUTSCHT! Beobachtung der Sonnenfinsternis: Wissenschaftler baff über die Ergebnisse.« – The New York Times

DER VERRÜCKTE PROFESSOR

Einsteins Wirkung beruhte nicht zuletzt auf seinem Äußeren.

Seine strubbeligen Haare und leicht vernachlässigte Kleidung, seine komplexen Theorien und sein Bemühen, seine Ideen nicht nur Wissenschaftlern, sondern auch ganz gewöhnlichen Zeitgenossen näherzubringen – all das sorgte dafür, dass er überall erkannt wurde, egal wo er sich blicken ließ.

Eigentlich geht unser fast karikaturhaftes Bild des zerstreut-genialen Professors auf Einstein zurück.

Zu einer Zeit, als es noch sehr wenige internationale Berühmtheiten gab, genoss Einstein die Aufmerksamkeit und ließ sich fotografieren und interviewen, wohin er auch ging. Während einer Amerikareise 1931 trafen Einstein und seine Frau Elsa auch Charlie Chaplin, der sie zur Premiere seines neuen Films *Lichter der Großstadt* einlud. Sie wurden zusammen fotografiert: der berühmteste Physiker neben dem bekanntesten Filmschauspieler der Welt.

Über die Jahre ist Einstein sehr oft interviewt und regelmäßig abgelichtet worden. Das bekannteste dieser Fotos, auf dem er die Zunge rausstreckt, ziert hunderttausende von T-Shirts und Postern!

EINSTEINS HIRN

Was ist Genialität und wie entsteht sie?

Als Albert Einstein 1955 im Alter von 76 Jahren starb, geschah etwas sehr Merkwürdiges. Thomas Harvey, ein Arzt im Krankenhaus von Princeton, wo Einstein gestorben war, stahl heimlich Einsteins Gehirn, bevor dieser eingeäschert wurde!

Weil Einstein zum Inbegriff des zerstreuten Genies geworden war, wollte Dr. Harvey dem Geheimnis der Genialität auf die Spur kommen. Er entnham das Gehirn ohne Erlaubnis, um es zu untersuchen.

Harvey wog das Gehirn (1.230 g) und zerschnitt es in 170 Kuben, die er vorsichtig in zwei großen Einweckgläsern konservierte und in einer Apfelweinkiste versteckte. Dann geriet das Gehirn mehr als 20 Jahre in Vergessenheit, bis es 1978 wiederentdeckt wurde.

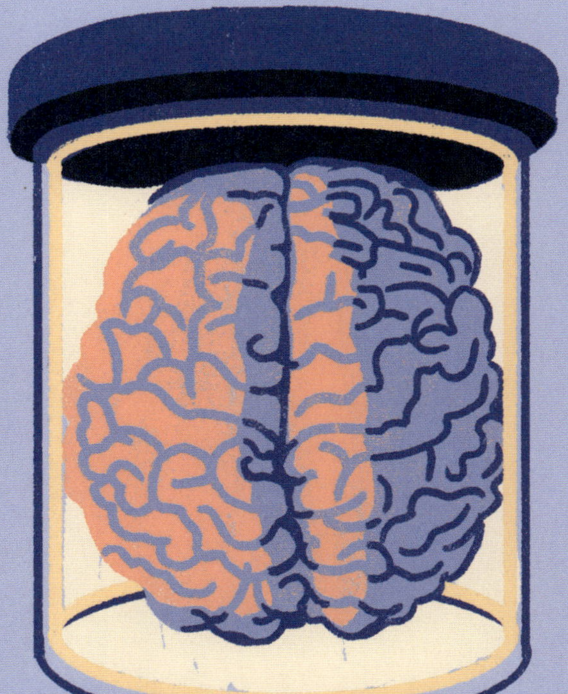

Doch erst 1998 veröffentlichte die Neuropsychologin Sandra Witelson ein Buch mit einigen ernstzunehmenden Erkenntnissen über Einsteins Hirn. Inzwischen war es an der McMaster University in Kanada untersucht worden, und Witelson stellte fest, dass sich Einsteins Hirn in einigen Punkten von dem anderer Leute unterschied.

Aber ob es nun wirklich diese Unterschiede waren, die sein Genie begründeten, wissen wir bis heute nicht.

1921 ERHÄLT EINSTEIN DEN NOBELPREIS

»Für seine Verdienste um die theoretische Physik, insbesondere für die Entdeckung des Gesetzes des photoelektrischen Effekts.« – Die Begründung des Nobelpreis-Komitees, den Preis an Einstein zu vergeben

Im November 1922 verkündete das Nobelpreis-Komitee, dass Einstein der Nobelpreis für Physik des Jahres 1921 verliehen wurde – aber nicht für die Theorie, die aus ihm eine internationale Berühmtheit gemacht hatte. Stattdessen erhielt er den Preis für seine Entdeckung des photoelektrischen Effekts, die er bereits 1905 veröffentlicht hatte.

Einstein war schon 1910 für den Physik-Nobelpreis vorgeschlagen worden (für seine spezielle Relativitätstheorie), aber der Preis wird für die wichtigste Entdeckung oder Erfindung verliehen, und das Komitee konnte sich nicht einigen, ob das auf die Relativitätstheorie zutraf. Nach jahrelangen Diskussionen bekam Einstein den Preis dann doch noch – aber eben nicht für seine Relativitätstheorie, sondern für den photoelektrischen Effekt.

Die Verleihung fand im Dezember 1922 in Stockholm statt, aber ohne Einstein. Der hielt stattdessen einen Vortrag in Japan.

WAS IST EIGENTLICH DER NOBELPREIS?

Der Nobelpreis gilt als eine der wichtigsten Auszeichnungen, die man bekommen kann.

Jedes Jahr verleiht ein Komitee in Stockholm die Nobelpreise für Physik, Chemie, Medizin, Literatur, Wirtschaftswissenschaft sowie den Friedensnobelpreis an Menschen, deren Leistungen auf ihrem Gebiet seiner Einschätzung nach den größten Nutzen für die Menschheit hatten.

Der Preis wird seit 1901 jährlich von einer Stiftung verliehen, die der schwedische Unternehmer und Erfinder des Dynamits Alfred Nobel gegründet hat.

Die Gewinner werden im Rahmen einer Zeremonie in Stockholm mit einer goldenen Medaille und einer von führenden schwedischen und norwegischen Künstlern gestalteten Urkunde ausgezeichnet. Darüber hinaus erhalten sie im Augenblick etwa neun Millionen schwedische Kronen (mehr als € 760.000).

DAS PREISGELD

In seinen Anfängen legte Einstein seine Ideen seiner Frau, der Physikerin Mileva Marić, zur Kontrolle vor, und sie überprüfte die mathematischen Aspekte in seinen Arbeiten, bevor sie veröffentlicht wurden.

Das Ehepaar hatte drei Kinder zusammen, eine Tochter und zwei Söhne, doch leider ging ihre Ehe auseinander. Als sie sich trennten, versprach Einstein Mileva, dass sie das gesamte Preisgeld haben könnte, falls er einstmals den Nobelpreis gewinnen würde, wovon er fest überzeugt war.

Sie dachte über sein Angebot nach und war einverstanden. Als Einstein den Preis dann wirklich bekam, hielt er sich an sein Versprechen und überwies ihr das gesamte Preisgeld.

WAS EINSTEINS ENTDECKUNGEN DER MODERNEN WELT GEBRACHT HABEN

Ohne Einsteins Theorien und Entdeckungen wäre unsere Welt nicht dieselbe.
Viele Dinge, die in unserem Alltag eine Rolle spielen, verdanken wir Einsteins Arbeiten.
Hier sind bloß einige der Erfindungen, die es ohne Einstein so nicht gäbe.

ATOMKRAFT

In seiner speziellen Relativitätstheorie von 1905 stellte Einstein fest, dass die Masse eines Körpers eine Möglichkeit ist, die Energie zu messen, die er enthält. Das brachte er in seiner berühmten Formel zum Ausdruck: $E = mc^2$.

Atomkraftwerke nutzen diese Entdeckung, um kleine Mengen von Uran in große Mengen von Energie umzuwandeln. In diesen Kraftwerken werden Uranatome mit kleinsten subatomaren Teilchen (den Neutronen) beschossen. Die Neutronen spalten das Uran in kleinere Atome und setzen dabei Energie frei.

Mit dieser Energie wird Wasser erhitzt und Dampf erzeugt. Der Dampf treibt eine Turbine an, die dann Elektrizität produziert, die wir in der Industrie und zu Hause nutzen.

GPS-NAVIGATION

Das Globale Positionsbestimmungssystem (GPS) liefert sehr genaue Informationen darüber, wo wir uns gerade befinden, und wird in Smartphones und in Navigationssystemen von Autos, Schiffen und Verkehrsmitteln genutzt. Aber ohne Einsteins Relativitätstheorie würde es nicht funktionieren.

GPS nutzt ein Netzwerk von Satelliten, die die Erde umkreisen, um bestimmen zu können, wo man sich gerade aufhält.

Dank Einsteins Theorie wissen wir, dass die Zeitmesser in Satelliten langsamer laufen als die auf der Erde, weil sie mit rund 14.000 km/h um die Erde sausen. Einsteins Theorie zeigt aber auch, dass die Schwerkraft geringer auf sie einwirkt, weil sie ziemlich weit entfernt von der Erde sind, was wiederum bewirkt, dass sie ein wenig schneller laufen.

Ohne Einsteins Berechnungen wäre das Ergebnis dieser beiden Abweichungen, dass das GPS nicht so gut funktionieren würde. Euer GPS würde langsam immer ungenauer: Im Laufe eines Tages könnte eure Position bis zu zehn Kilometer von der angezeigten abweichen.

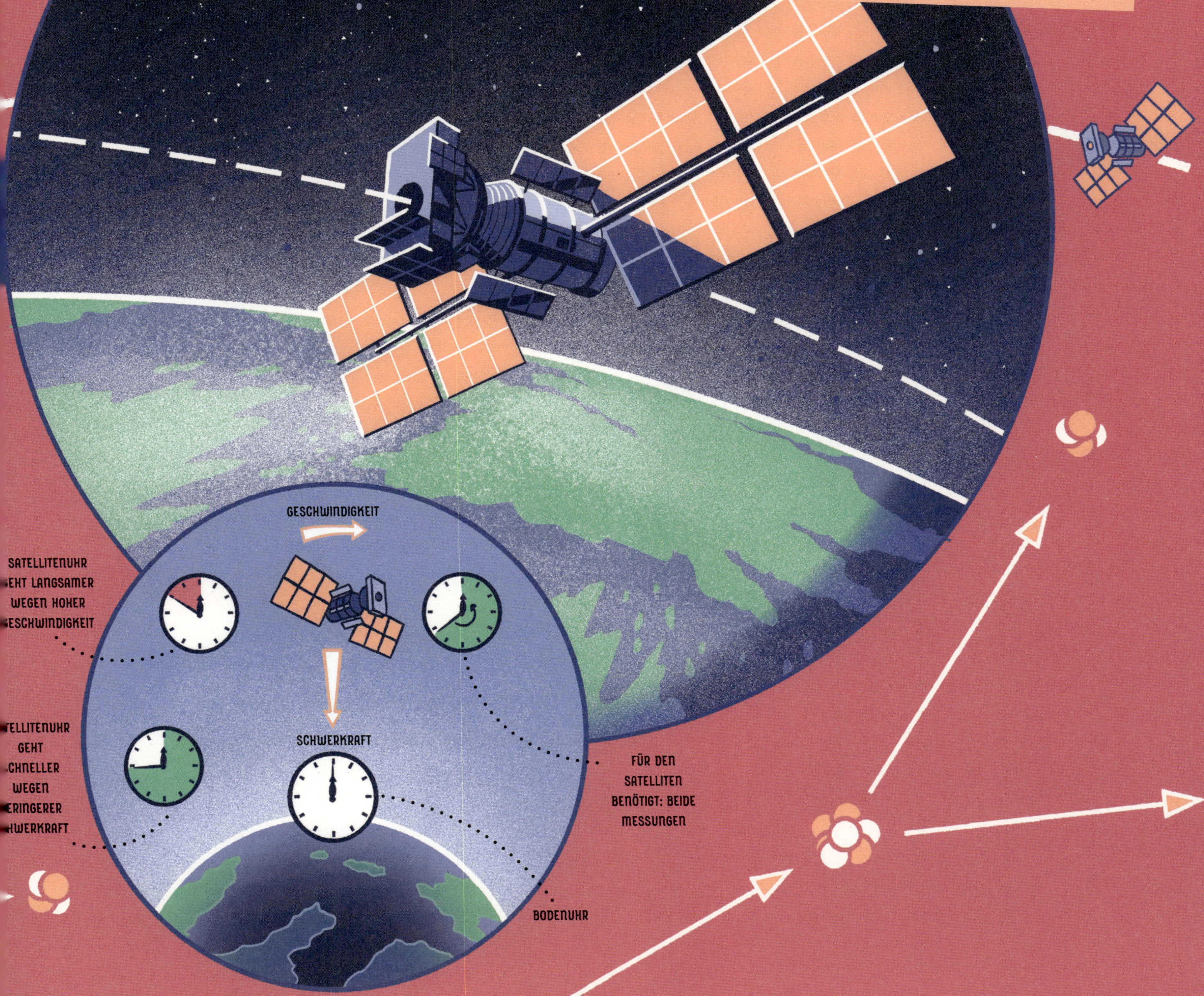

GLASFASERKABEL

Glasfasern sind dünne Fasern aus Quarzglas oder Kunststoff, die Licht über lange Entfernungen leiten, gebündelt am Meeresboden sogar von Kontinent zu Kontinent. Das Internet besteht aus Millionen miteinander verbundener Computer, die diese Kabel nutzen, um Informationen untereinander auszutauschen. Diese Informationen werden – in Lasern, also Lichtstrahlen, verschlüsselt – in den Fasern durch die Welt geschickt.

Der Durchmesser einer einzelnen Faser beträgt bloß ein Zehntel eines Haares. Trotzdem kann sie mehr als 25.000 Telefongespräche übertragen. Und in einem einzigen Kabel kann sich ein Bündel von mehreren hundert Fasern befinden.

Die Informationen bewegen sich mit fast zwei Dritteln der Lichtgeschwindigkeit durch die Fasern, so dass wir fast ohne Verzögerung mit jemandem am anderen Ende der Welt sprechen können.

Um eine Nachricht zu versenden, wird die Computerinformation verschlüsselt und von einem Laser in Form einer Folge von Lichtimpulsen abgefeuert. Das Licht schießt das Kabel entlang und prallt immer wieder an dessen Wand ab, bevor es von einer photoelektrischen Zelle am anderen Ende empfangen und entschlüsselt wird.

LASER

1917 fand Einstein heraus, dass es möglich sein müsste, einen gleichförmigen, gebündelten Lichtstrahl zu erzeugen, indem man Atome anregt, Photonen auszustoßen. Diesen Vorgang nennt man ›stimulierte Emission‹.

Trotzdem dauerte es bis in die 1960er Jahre, bis es Physikern gelang, den ersten, auf Einsteins Idee basierenden kompakten Laser herzustellen. Das Wort Laser steht für *light amplification by stimulated emission of radiation* (Licht-Verstärkung durch stimulierte Emission von Strahlung).

Laser erzeugt Licht, das sich in einem gebündelten, intensiven Strahl über sehr große Entfernungen bewegt, ohne zu streuen. Diese Lichtstrahlen können auch eine bestimmte Farbe haben.

Heutzutage werden Laser für die verschiedensten Dinge eingesetzt, von dem Messen von Entfernungen und dem Markieren gerader Kanten für Bauarbeiter bis zum Scannen der Erdoberfläche für Landkarten von Satelliten aus, von Barcodescannern an der Kasse bis zu Instrumenten zum Durchführen von Schnitten in der Industrie und bei Operationen im Krankenhaus. Und natürlich zum Auslesen von Informationen auf CDs, DVDs etc.

PHOTOZELLEN

Diese ausgefuchsten Bauteile haben die unterschiedlichsten Anwendungsbereiche: Sie dienen dem Laden von Handys, der Stromerzeugung in Sonnenkollektoren oder als Bewegungsmelder in Alarmanlagen oder Sicherheitsleuchten.

Sie wandeln Licht in Elektrizität um. Einsteins Arbeit von 1905 über den photoelektrischen Effekt ist es zu verdanken, dass wir diese Technologie nutzen können.

Einstein erkannte, dass Licht aus Energiepäckchen besteht, die wir Photonen nennen. Wenn diese Photonen auf ein Stück Metall stoßen, werden Elektronen freigesetzt, die dann den elektrischen Strom bilden.

Photozellen funktionieren nicht bloß mit sichtbarem Licht, sondern können auch aus ultravioletten Strahlen Strom erzeugen.

Obwohl Einstein vor allem wegen seiner Relativitätstheorie berühmt ist, bekam er den Nobelpreis für seine Arbeit über die Photoelektrik.

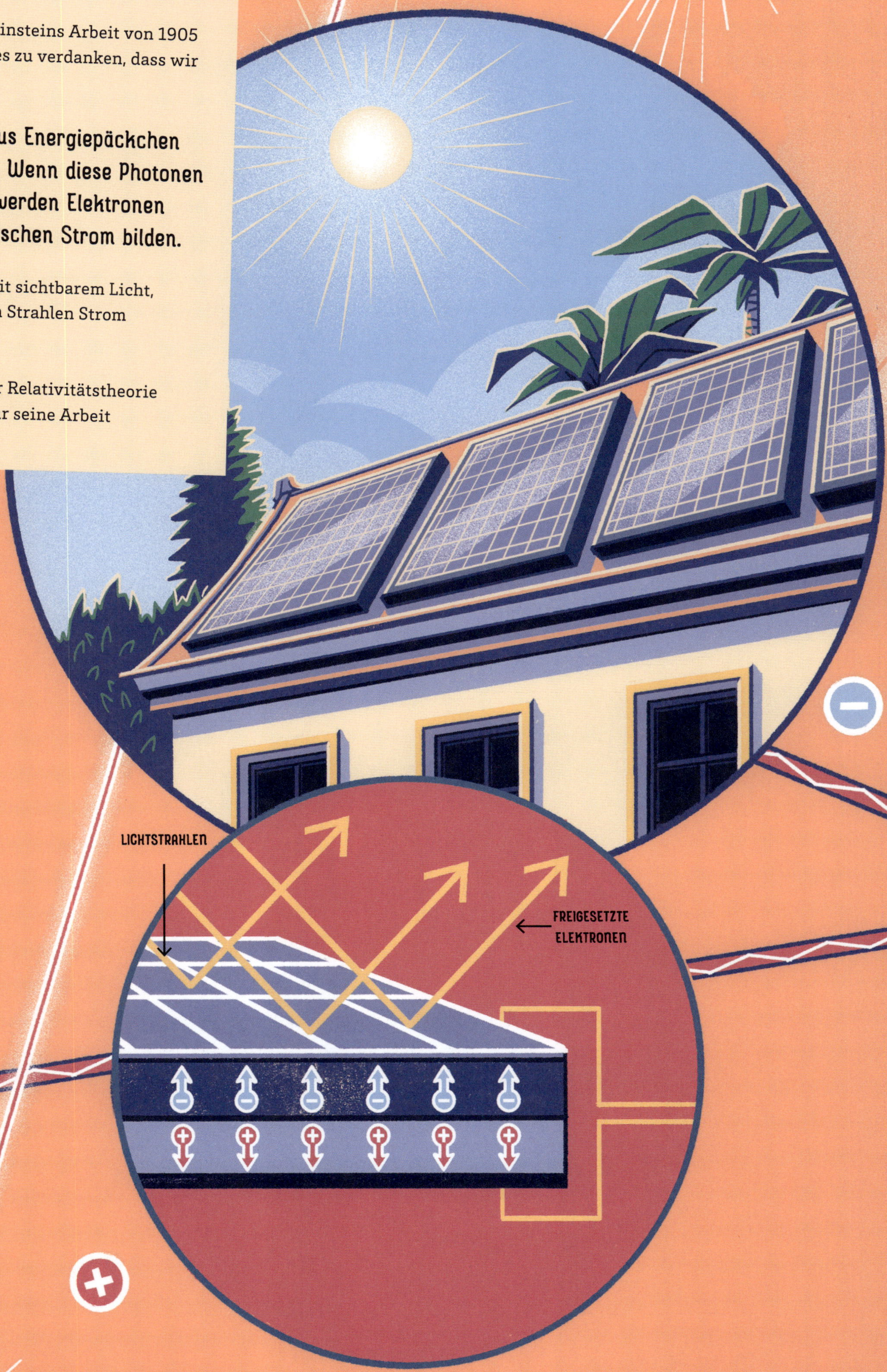

WAS WIR HEUTE WISSEN: TEIL 1

Als Einstein seine allgemeine Relativitätstheorie veröffentlichte, ahnte er nicht einmal annähernd, welche Folgen sie haben würde. Mehr als ein Jahrhundert später machen Naturwissenschaftler noch immer Entdeckungen im und über das Universum, die auf seinen Theorien beruhen.

SCHWARZE LÖCHER

Nach der Veröffentlichung von Einsteins allgemeiner Relativitätstheorie im Jahr 1915 war der deutsche Physiker Karl Schwarzschild einer der Ersten, der einige ihrer ungeheuer vielschichtigen Konsequenzen erahnte.

Obwohl ihre mathematische Seite unglaublich kompliziert ist, machte sich Schwarzschild daran, ein paar der Feldgleichungen zu lösen, die Einstein für Körper im Raum aufgestellt hatte. Seine 1916 veröffentlichte Arbeit legte den Grundstein für eine ganze Reihe von Entdeckungen. Eine der erstaunlichsten ist die der Existenz Schwarzer Löcher.

WENN STERNE SCHRUMPFEN

Schwarzschild entdeckte etwas sehr Merkwürdiges. Wenn die Masse eines Sterns zu einem kleinen Punkt zusammengedrückt wird, fällt die Raumzeit in sich zusammen.

Wenn das passiert, wäre kein Objekt, dass sich diesem unglaublich komprimierten Punkt am Himmel nähert, in der Lage, sich schnell genug zu bewegen, um dessen Gravitationskraft zu entkommen – nicht einmal das Licht! Und in seinem Mittelpunkt würde Einsteins Theorie zufolge die Zeit stehen bleiben.

Einstein war von Schwarzschilds Entdeckung beeindruckt, aber er glaubte nicht, dass ein riesiger Stern tatsächlich so in sich zusammenstürzen könnte, dass er einen solchen superdichten, massereichen Punkt bilden würde.

Erst Jahre nach Einsteins Tod entdeckten Wissenschaftler, dass solche – von dem Physiker John Wheeler >Schwarze Löcher< getauften – Punkte nicht bloß existieren, sondern sogar ziemlich verbreitet sind. Es gibt sogar eins im Zentrum unserer Milchstraße.

BILDSCHÖN

Ein Foto von einem Schwarzen Loch aufzunehmen, schien unmöglich – schließlich kann weder Licht noch sonst eine Strahlung seiner Schwerkraft entkommen. Aber am 10. April 2019 stellten Wissenschaftler das erste Foto vor, das jemals von einem Schwarzen Loch gemacht wurde.

Das supermassereiche Schwarze Loch im Kern der Riesengalaxie M(essier) 87 ist etwa 54 Millionen Lichtjahre von uns entfernt. Wissenschaftler benutzten über die gesamte Erde verteilte Teleskope, um ein Bild herzustellen, das es in seiner Auswirkung auf seinen Umraum wiedergibt.

Sterne, die einem Schwarzen Loch zu nahe kommen, werden von ihm auseinandergezogen und verschluckt, wobei sie eine superheiße Materiespirale bilden, ähnlich dem Strudel abfließenden Wassers in einer Badewanne.

Astronomen sind in der Lage, solche Spiralen zu entdecken. Die Stelle, an der die Materie in das Schwarze Loch gerät und (von außen) nicht mehr zu sehen ist, nennt man Ereignishorizont.

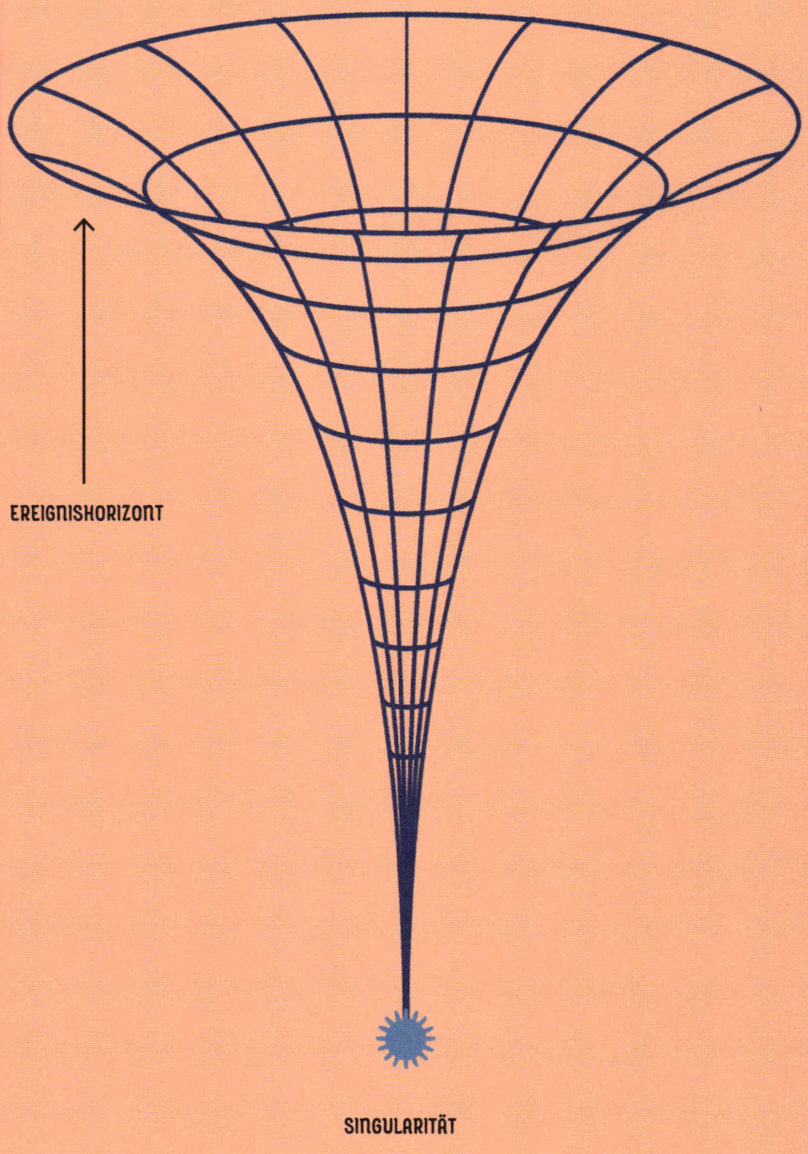

IM ZENTRUM EINES SCHWARZEN LOCHS IST MATERIE UNENDLICH DICHT – DIESER PUNKT WIRD SINGULARITÄT GENANNT.

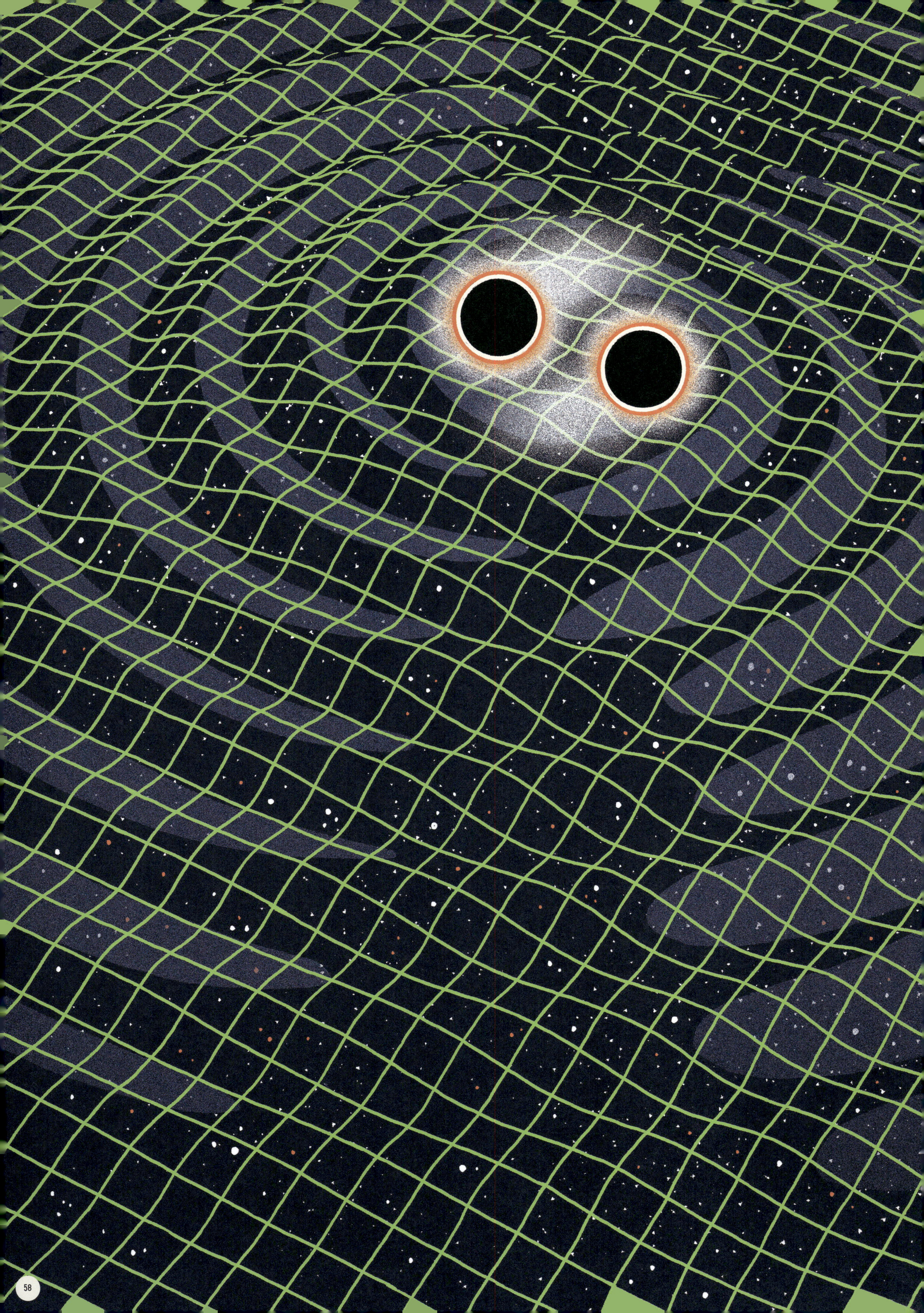

WAS WIR HEUTE WISSEN: TEIL 2

GRAVITATIONSWELLEN

Einstein fand heraus, dass Gravitation durch Störungen verursacht wird, die große Massen wie Sterne oder Planeten in der Raumzeit bewirken (erinnern wir uns an die Delle, die der große Bowlingball auf dem Trampolin verursacht, und die Folgen für die kleineren Bälle).

Aber was passiert mit der Raumzeit, wenn ein Planet oder Stern sich bewegt?

1905, ein Jahrzehnt vor Einsteins allgemeiner Relativitätstheorie, behauptete der französische Mathematiker und Physiker Henri Poincaré, dass ein massereicher, beschleunigter Körper kleine Wellen (Gravitationswellen) in der Raumzeit auslöst, nicht unähnlich denen, die entstehen, wenn wir einen Stein ins Wasser werfen oder dieses mit einem Ruderboot durchqueren.

Einsteins Theorie ging dann so weit, diese Wellen vorherzusagen. Sie behauptete, es müsste Gravitationswellen geben, die sich ebenso wie elektromagnetische Wellen im Raum ausbreiten. Je größer die Masse des bewegten Körpers ist, desto größer auch sein Effekt auf die Raumzeit und die von ihm ausgehenden Gravitationswellen.

DAS PROBLEM

Jahrelang bemühten sich Naturwissenschaftler ohne großen Erfolg, eine Möglichkeit zu finden, diesen Gravitationswellen auf die Spur zu kommen, wenn sie die Erde passieren. Der Effekt von Gravitationswellen ist minimal und nur sehr schwer zu messen.

Endlich, im Jahr 1974, machten die Physiker Russell A. Hulse und Joseph H. Taylor jr. eine wichtige Entdeckung, die ihnen 1993, fast 20 Jahre später, den Nobelpreis einbrachte. Sie fanden einen sogenannten binären Pulsar (ein Doppelsternsystem), das aus zwei kompakten Sternen besteht, die in relativ kurzer Entfernung umeinanderkreisen.

Diese Sterne senden ihre Strahlen in wiederkehrenden Impulsen aus, die von der Erde aus gemessen werden können. Wegen ihrer enormen Gravitationskraft bot der binäre Pulsar den Wissenschaftlern eine gute Möglichkeit, die Existenz der von Einstein behaupteten Gravitationswellen zu bestätigen.

WELLEN MESSEN

Obwohl die binären Pulsare den Wissenschaftlern erlaubten, die Existenz der Gravitationswellen nachzuweisen, gelang es erst im September 2015, diese tatsächlich zu messen.

Mit Hilfe zweier riesiger Observatorien in den USA gelang es Wissenschaftlern, die Gravitationswellen zu messen, die durch das Verschmelzen zweier Schwarzer Löcher verursacht worden waren.

Diese Laser-Interferometer-Gravitationswellen-Observatorien (kurz LIGO) benutzen Laserstrahlen, die von zwei vier Kilometer voneinander entfernten Spiegeln reflektiert werden. Wenn eine Gravitationswelle das Observatorium durchquert, kann diese die relative Länge zwischen den Spiegeln minimal verändern, und das kann gemessen werden.

Die beiden LIGO-Observatorien sind 3.000 Kilometer voneinander entfernt, so dass die Wissenschaftler herausfinden können, von wo die Wellen kommen.

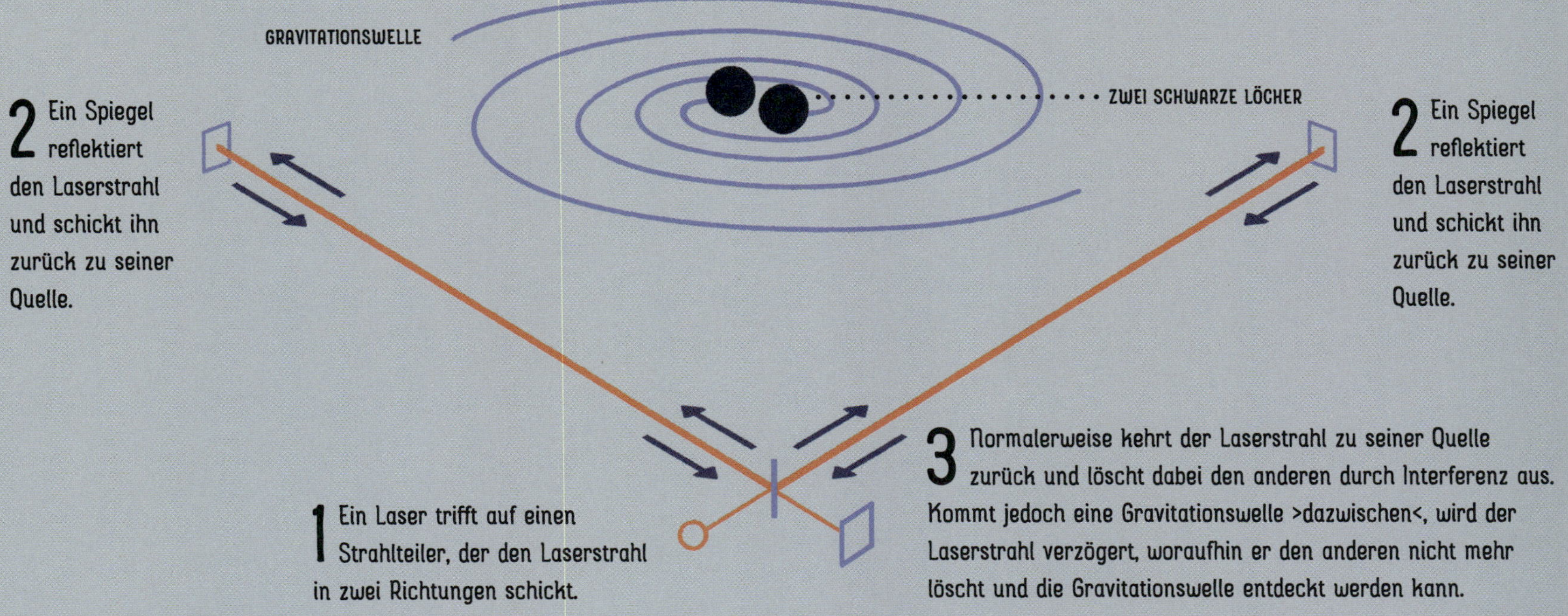

WAS KOMMT NACH EINSTEINS RELATIVITÄTSTHEORIE?

Einsteins Relativitätstheorie erklärt die Schwerkraft und die Auswirkungen von Gravitationsfeldern, aber Gravitation ist nur eine von vier Kräften, die im Universum wirken. Der nächste Schritt, glaubte Einstein, war, seine Relativitätstheorie mit anderen Feldern und Kräften zu einer >vereinten Feldtheorie< zu verbinden, die in der Lage wäre, alle Phänomene im Universum zu erklären.

Von 1923 bis 1931 arbeitete Einstein an einer vereinten Feldtheorie, die die Feldgleichungen der allgemeinen Relativitätstheorie in Verbindung mit den elektromagnetischen Feldern bringen sollte. Zwar blieb ihm der Erfolg versagt, aber seine Arbeit ebnete anderen Naturwissenschaftlern den Weg zu späteren Entdeckungen und Forschungen.

FELDER UND KRÄFTE

Wir kennen vier Kräfte, die das Fundament unseres Universums bilden, und jede von ihnen hat ein bestimmtes Austauschteilchen, das sie vermittelt. Es sind dies:

STARKE WECHSELWIRKUNG

Diese Kraft hält die Atomkerne zusammen. Diese bestehen aus Quarks, winzigen Bausteinen, aus denen alles um uns herum gemacht ist. Es gibt acht verschiedene Arten von Gluonen, die für die Kraft zwischen den Quarks verantwortlich sind.

ELEKTROMAGNETISCHE KRAFT

Das ist die Wechselwirkung von elektrisch geladenen Teilchen in einer Verbindung zwischen elektrischen und magnetischen Feldern. Einstein entwickelte die Idee eines speziellen Teilchens, welches Energie in kleinen Paketen trägt – das Photon.

DIE THEORIE VON ALLEM

Eines der großen Probleme, über das sich heutige Wissenschaftler den Kopf zerbrechen, ist, wie man die Einstein'sche Relativitätstheorie, welche die Gravitation und Wechselwirkung von großen, massereichen Körpern (Sterne, Planeten, Schwarze Löcher) beschreibt, mit der Quantenmechanik verbindet, die wiederum die Wechselwirkung winziger Teilchen im atomaren und subatomaren Bereich zum Gegenstand hat.

Mit riesigen Teilchenbeschleunigern wie dem am CERN in der Schweiz, die Teilchen fast auf Lichtgeschwindigkeit beschleunigen und dann zusammenprallen lassen, um neue Arten von superschweren Teilchen zu entdecken, versuchen die Wissenschaftler, dem Aufbau und der Entwicklung des Universums auf die Spur zu kommen.

Eine Theorie, die Einsteins Relativitätstheorie und die Quantenmechanik – das ganz Große und das Winzige – verbindet, würde uns zu erklären helfen, was ganz am Anfang des Universums geschah, als sämtliche Materie, die jetzt über den gesamten Kosmos verstreut ist, in einem winzigen, unfassbar dichten Punkt versammelt war – einer Singularität.

Den Wissenschaftlern ist es noch nicht gelungen, eine vereinte Feldtheorie zu entwickeln, wie Einstein gehofft hat, aber ihre Bemühungen stoßen in immer neue Bereiche vor, u. a. in die String-Theorie.

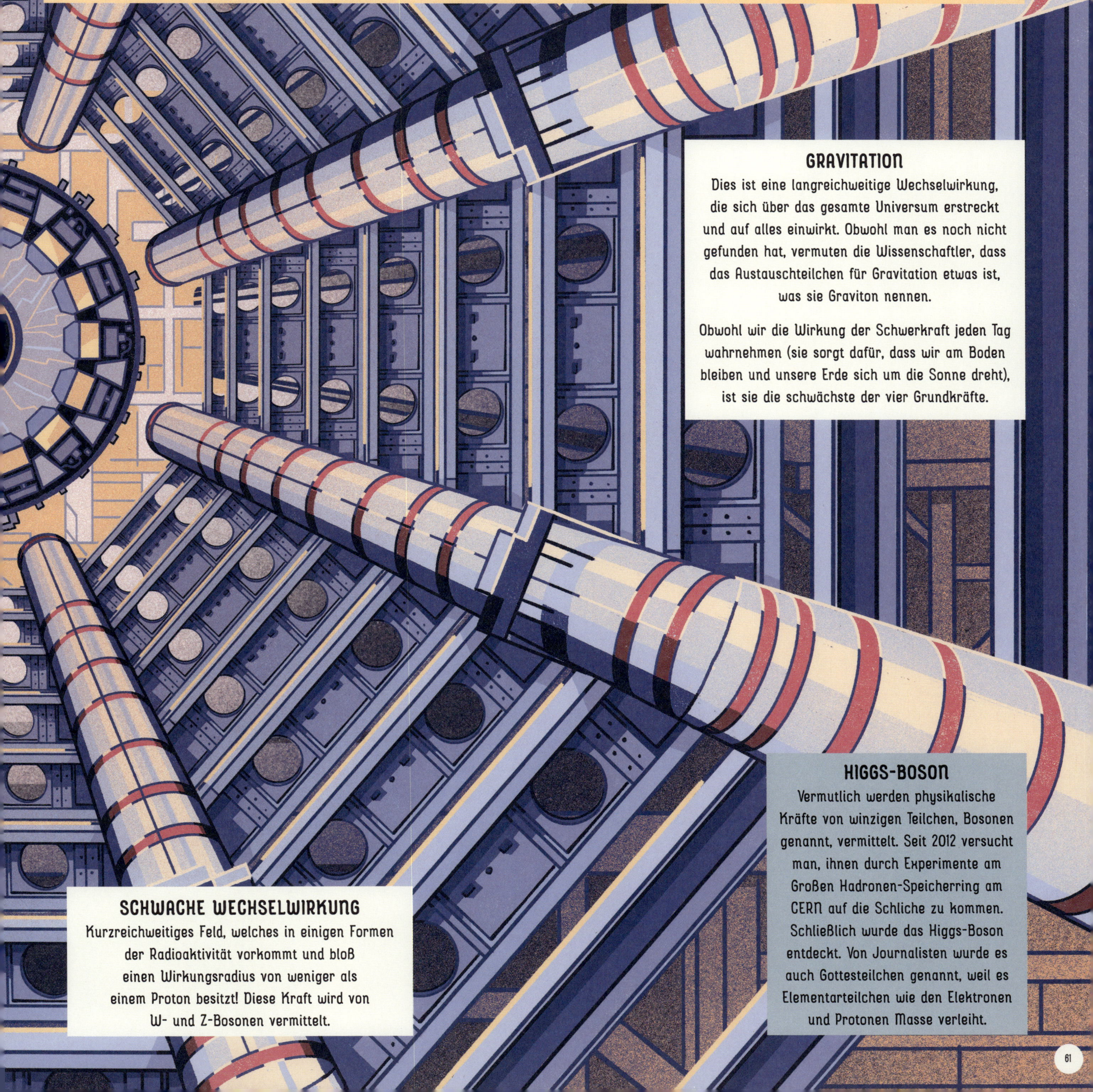

GRAVITATION

Dies ist eine langreichweitige Wechselwirkung, die sich über das gesamte Universum erstreckt und auf alles einwirkt. Obwohl man es noch nicht gefunden hat, vermuten die Wissenschaftler, dass das Austauschteilchen für Gravitation etwas ist, was sie Graviton nennen.

Obwohl wir die Wirkung der Schwerkraft jeden Tag wahrnehmen (sie sorgt dafür, dass wir am Boden bleiben und unsere Erde sich um die Sonne dreht), ist sie die schwächste der vier Grundkräfte.

HIGGS-BOSON

Vermutlich werden physikalische Kräfte von winzigen Teilchen, Bosonen genannt, vermittelt. Seit 2012 versucht man, ihnen durch Experimente am Großen Hadronen-Speicherring am CERN auf die Schliche zu kommen. Schließlich wurde das Higgs-Boson entdeckt. Von Journalisten wurde es auch Gottesteilchen genannt, weil es Elementarteilchen wie den Elektronen und Protonen Masse verleiht.

SCHWACHE WECHSELWIRKUNG

Kurzreichweitiges Feld, welches in einigen Formen der Radioaktivität vorkommt und bloß einen Wirkungsradius von weniger als einem Proton besitzt! Diese Kraft wird von W- und Z-Bosonen vermittelt.

GLOSSAR

Äquator: imaginäre Kreislinie, die die Erde umrundet, in der Mitte zwischen dem Nord- und dem Südpol (S. 13)

Äther: der unsichtbare Stoff, von dem man annahm, dass er den leeren Raum im Universum ausfüllt (S. 22)

Atom: die winzigen Grundbausteine, aus denen alle Stoffe im Universum bestehen (S. 19)

Atomkern: positiv geladenes Zentrum eines Atoms (S. 35)

Atomuhr: eine extrem genaue Uhr, nutzt die regelmäßigen Schwingungen von Caesium-Atomen (S. 27)

Doppelpulsar: ein Pulsar (Neutronenstern) und ein benachbartes Objekt (zumeist ein Stern), die um einen gemeinsamen Schwerpunkt rotieren (S. 59)

Durchmesser: Gerade, die von einer Seite eines Kreises oder einer Kugel durch den Mittelpunkt zur anderen führt (S. 38)

$E = mc^2$: Energie ist gleich Masse mal Lichtgeschwindigkeit im Quadrat (S. 34)

Elektrische Ladung: Eigenschaft der Materie (entweder positiv oder negativ), die mit dem Ausgleich von Elektronen und Protonen in einem Körper zusammenhängt (S. 36)

Elektrischer Strom: Transport elektrischer Ladungsträger durch einen Draht oder einen Stromkreis (S. 16)

Elektrisches Feld: Kraftfeld, das ein elektrisch geladenes Teilchen umgibt und in dem ein anderes geladenes Teilchen einer Kraft ausgesetzt ist (S. 36)

Elektrizität: Energie, die durch bewegte Elektronen erzeugt wird (S. 13)

Elektrodynamik: Wechselwirkung zwischen elektrischem Strom und einem Magneten (S. 21)

Elektrodynamische Kraft: Wechselwirkung elektrischer Ströme untereinander oder mit einem Magnetfeld (S. 60)

Elektromagnetische Welle: von Schwingungen zwischen elektrischen und magnetischen Feldern erzeugte Welle (S. 13)

Elektromagnetismus: durch elektrische Ströme produzierte Magnetfelder (S. 36)

Elektron: negativ geladenes Elementarteilchen (S. 55)

Ereignishorizont: ein Schwarzes Loch umgebende Grenzlinie, über die hinaus nichts – nicht einmal Licht oder eine sonstige Strahlung – entweichen kann (S. 56)

Flugbahn: zurückgelegte Strecke eines bewegten Körpers durch die Luft bzw. das Weltall (S. 33)

Frequenz: die Anzahl von Schwingungen pro Sekunde (S. 41)

Gas: Masse, deren Teilchen sich frei bewegen, jede Form annehmen und sich gleichmäßig in jedem verfügbaren Raum verteilen können (S. 20)

Gedankenexperiment: ein wissenschaftlicher Versuch, der bloß in der Vorstellung vollzogen wird (S. 5)

Geometrie: Lehre von der Form, Größe und Position von Körpern im Raum, »Erdmessung« (S. 4)

Geschwindigkeit: Maßeinheit, die angibt, wie schnell sich etwas in einer bestimmten Richtung fortbewegt (S. 15)

Glasfaser: aus Quarzglas oder Kunststoff hergestellte Fasern, die zur Übertragung von Informationen genutzt werden können (S. 54)

Globales Positionsbestimmungssystem (GPS): System, das Signale von Satelliten nutzt, um die Position eines Gegenstands festzustellen (S. 53)

Gluon: Teilchen, das die starke Wechselwirkung zwischen Quarks vermittelt (S. 60)

Gravitation (Schwerkraft): Kraft, die bewirkt, dass sich Materie gegenseitig anzieht (S. 6)

Gravitationsfeld: Kraft, die sich in alle Richtungen um eine Masse herum ausbreitet (S. 36)

Gravitationsstrahlung: eine Folge von Gravitationswellen (S. 59)

Gravitationswelle: Welle in der Raumzeit, die durch eine beschleunigte Masse ausgelöst wird (S. 59)

Graviton: angenommenes Trägerteilchen der Gravitation (S. 61)

Joule: Energieeinheit (S. 34)

Kilometer: metrische Längeneinheit (S. 15)

Knoten: Geschwindigkeitsmaß in der Seefahrt (S. 15)

Laser: Gerät, mit dem ein stark gebündelter Lichtstrahl erzeugt werden kann bzw. dieser Lichtstrahl selbst (S. 54)

Lichtwelle: elektromagnetische Welle als Trägerin des Lichts (S. 41)

Licht: elektromagnetische Strahlung, die durch das menschliche Auge wahrgenommen werden kann (S. 12)

Lithium-Ionen-Akku: Typ einer wiederaufladbaren Batterie (S. 27)

Kernreaktion: Prozess, innerhalb dessen die Struktur und der Energiegehalt eines Atomkerns durch die Wechselwirkung mit einem anderen Atomkern verändert wird (S. 35)

Kernspaltung: Prozess, in dem ein großer Atomkern in mehrere kleine zerlegt und dabei Energie freigesetzt wird (S. 35)

Klassische Mechanik: ihre Regeln – manchmal auch Newton'sche Mechanik genannt – beschreiben die Bewegung aller Körper unter dem Einfluss von Kräften (S. 6)

Kompass: magnetisiertes Instrument zur Bestimmung von Himmelsrichtungen (S. 4)

Koordinaten: Zahlensystem zur Bezeichnung von Orten (S. 10)

Korpuskel: von Newton geprägter Begriff für ein kleines, getrenntes Teilchen wie ein Atom oder Elektron (S. 12)

Kraft: durch Zug oder Druck auf einen Körper einwirkende physikalische Größe (S. 6)

Lichtgeschwindigkeit: ungefähr 299.792 km/s (S. 22)

Luftwiderstand: die Reibung, die bei der Bewegung eines Körpers in der Luft entsteht (S. 6)

Magnetfeld: Umfeld anziehender oder abstoßender Kräfte eines Magneten (S. 60)

Magnetismus: Kraft, die von magnetisch aufgeladenen Körpern ausgeht und andere magnetisch aufgeladene anziehen bzw. abstoßen kann (S. 13)

Masse: gesamte Menge von Materie in einem Körper (S. 6)

Molekül: zwei oder mehr miteinander verbundene Atome (S. 19)

Neutron: Elementarteilchen ohne eigene elektrische Ladung (S. 52)

Nobelpreis: Jährlich verliehener Preis für außergewöhnliche Leistungen in den Bereichen Physik, Chemie, Medizin, Wirtschaft, Literatur und Friedensbemühungen (S. 50)

Patent: offizielles Recht, das einer einzigen Person oder Firma übertragen wird, einen bestimmten Gegenstand zu produzieren oder zu vertreiben (S. 16)

Photon: Grundbestandteilchen des Lichts (S. 18)

Pi: extrem lange Kreiszahl, ungefähr 3,14 (S. 38)

Prisma: oft aus Glas gefertigter Gegenstand mit geraden, in verschiedenen Winkeln zueinanderstehenden Flächen, um Licht zu streuen (S. 12)

Proton: positiv geladenes Elementarteilchen (S. 61)

Pulsar: schnell rotierender Neutronenstern, der wiederkehrende Signale (Radiowellen) aussendet (S. 59)

Quantenmechanik: Bereich der Physik, der sich mit atomarer und subatomarer Materie und Energie beschäftigt (S. 61)

Quark: winziges Teilchen, aus dem sich Protonen und Neutronen zusammensetzen (S. 60)

Raumzeit: die Verbindung von Raum und Zeit in einem vierdimensionalen Universum (S. 33)

Satelliten: um die Erde kreisende künstliche Objekte, die u. a. der Kommunikation dienen (S. 53)

Schwarzes Loch: ein Objekt im Weltraum, das eine solch starke Gravitation entfaltet, dass nichts ihm entweichen kann (S. 56)

Singularität: angenommenes Zentrum von Schwarzen Löchern, in dem die Gravitationskraft unendlich ist (S. 61)

Solarzelle: Apparat, mit dem Licht oder andere elektromagnetische Strahlung in elektrischen Strom umgewandelt werden kann (S. 55)

Sonne: der Stern im Zentrum unseres Sonnensystems (S. 41)

Sonnenfinsternis: die teilweise oder totale Verdeckung der Sonne durch den Mond (S. 41)

Standardzeit: die in einer gewissen Region/einem Land amtliche Uhrzeit. Hängt im Allgemeinen von dem jeweiligen Längengrad ab (S. 9)

Stimulierte Emission: Prozess, bei dem ein Atom zur Abgabe von Energie veranlasst wird (S. 54)

Strahlung: Energie, die sich von einem Ort zum anderen bewegt (S. 18)

Subatomar: kleiner als ein Atom und/oder sich in ihm befindend (S. 52)

Teilchen: extrem kleiner Körper (S. 12)

Teilchenbeschleuniger: beschleunigt elektrisch geladene Teilchen fast auf Lichtgeschwindigkeit und lässt sie aufeinanderprallen (S. 61)

Theorie: die Idee eines Zusammenhangs von Sachverhalten noch vor dem Beweis, dass dieser tatsächlich existiert (S. 49)

Trägheit: Bestreben von Körpern, ihre Geschwindigkeit beizubehalten, solange keine äußere Kraft sie daran hindert (S. 36)

Ultraviolettstrahlung: kurzwelliges Licht außerhalb des für Menschen sichtbaren Bereichs (S. 55)

Umfang: die Länge der Begrenzungslinie eines Kreises oder einer Kugel (S. 38)

Universum (Kosmos): die Gesamtheit von allem um uns herum (S. 6)

Viskos: dickflüssig und zäh (S. 19)

Weltlinie: die Bahnkurve (Flugbahn) eines Objekts in der Raumzeit (S. 33)

Zeitdilatation: Veränderungen im Ablauf der Zeit (S. 27)

2. Auflage 2021
Albert Einsteins Relativitätstheorie

The Original Title:
Words that Changed the World: Albert Einstein's Theory of Relativity

Entwickelt von The Old Dungate Press Ltd, Dunsfold, Surrey, U.K.
Text von Carl Wilkinson
Illustrationen von James Weston Lewis
Design von Nicola Price
Ediert von Jenny Broom

Printed in China
ISBN 978-3-458-17897-2

Klimaneutral
Druckprodukt
ClimatePartner.com/14438-2105-1001